木材花纹图鉴

WOOD FIGURE ILLUSTRATED HANDBOOK

赵广杰　李超　林剑　符韵林◎编著

中国林业出版社

图书在版编目(CIP)数据

木材花纹图鉴／赵广杰等编著. -- 北京：中国林业出版社，2022.1

ISBN 978-7-5219-1523-5

Ⅰ. ①木… Ⅱ. ①赵… Ⅲ. ①木材纹理—图集 Ⅳ. ①S781.1-64

中国版本图书馆CIP数据核字(2022)第007824号

策划、责任编辑：陈　惠

出版发行　中国林业出版社（100009　北京市西城区刘海胡同7号）
电　　话　(010)8314 3614
印　　刷　北京中科印刷有限公司
版　　次　2022年1月第1版
印　　次　2022年1月第1次
开　　本　787mm×1092mm　1/16
印　　张　4.75
字　　数　100千字
定　　价　58.00元

作者简介

赵广杰

1953年生，男，满族，辽宁人。日本留学博士，北京林业大学教授、博导。研究领域：木材学、木文化学。出版专著：《木材细胞壁中吸着水介电弛豫》《木材化学流变学》《木材物理专论》等。

李　超

1989年生，女，汉族，吉林人。浙江理工大学讲师，工学博士。研究领域：木材学、生物材料设计。

林　剑

1986年生，男，汉族，福建宁德人。日本留学博士，北京林业大学副教授、硕士生导师。研究领域：木材学、木质碳材料学。出版专著：《木质活性炭纤维的制备、结构与性能》等。

符韵林

1977年生，男，汉族，广西人。广西大学林学院教授、博导。研究领域：木材学、红木文化。出版专著：《红木鉴》《木材剩余物缓释肥料壳体》《用二氧化硅改良木材表面性质的研究》等。

PREFACE 前言

近十几年来，木材花纹备受木材学界、木业界人士青睐，可以说木材业界对于木材花纹的重视程度前所未有。如此，现今世面上流行着有关木材花纹五花八门的称谓，有些显得离奇古怪、有些偏离了科学性，有主观人为造作之嫌。且木材学界对于木材花纹的基本概念及其学术称谓也存在或多或少模糊混沌之处。主要疑问之处就是有关木材花纹的基本概念。即，构成木材花纹的基本要素有哪些？这些基本要素的定义或概念是否清楚了？形成木材花纹的基本因子又有哪些？等等。

为了科学地、系统地表征木材花纹图谱，回答木材花纹构成要素以及木材花纹形成的源于木材自身组织构造、遗传基因和立木生长环境因子等基础科学问题。本书首先梳理了与木材花纹相关的若干概念，例如：木材的颜色（color）、光泽（luster）、肌理（texture）、纹理（grain）和花纹（figure）等，在此基础上，对木材花纹概念重新进行了定义与归纳，并从木材解剖学、遗传基因和生长环境等影响因素，对木材花纹形成机制方面做了系统性阐述。基于木材花纹形成机制，把木材花纹划分为“木材组织类花纹”和“非木材组织类花纹”两大类。进而按照花纹特征、树种和用途等项目列举了一些典型的木材花纹图谱，以及特殊木材花纹鉴赏。最后，介绍了木材花纹的定性与定量表征的最新研究进展。本书部分内容源自作者李超博士主持的“面向健康人居的木材花纹分形表征与感觉特性评价（浙江理工大学科研业务费专项资金资助2020Q058）”课题最新研究成果。

全书共分为5章20节。核心章节包括木材花纹构成、木材花纹形成、木材花纹图谱、木材花纹表征。本书科学、系统地表征了木材花纹图谱，详尽、全面地回答了木材花纹形成的源于木材自身构造和立木生长环境因子等基础科学问题，旨在为学界和业界今后更科学地把握、理解木材花纹，更高效、规范地使用木材花纹提供一些参考。

本书填补了我国木材科学与技术学科木材花纹领域空白，为开展木材解剖学、木质环境学等方面科学研究工作提供基础性学术资料，同时也为木材加工业，例如家具、木雕等木艺品产业提供规范性技术资料，有助于木材工艺产业的健康、高水平发展。同时也是木材科学与技术本科教学，以及其他相关学科研究生培养的基础性研究参考资料。

本书学术特色在于对木材花纹构成要素及其概念的崭新归纳，尤其对混淆不清的概念。采用图谱的形式编写，按花纹的形成因子，以图文对照的方式生动地阐述了各类花纹的成因，图文并茂，记载翔实。

本书可作为专业从事木材鉴定、产品质量检测、检验检疫、经贸、加工技术人员等鉴定木材的工具书，也可作为林业、木材和艺术设计院校教师、学生及木材文物鉴别、爱好者的参考资料。

编著者

2021年初夏于北京

CONTENTS
目 录

木材花纹图谱

5

木材花纹表征

1

木材花纹史话

1.1 木材花纹研究

在欧洲，木材花纹研究最早始于Braun（1854）[1]关于欧洲赤松（*Pinus sylestris*）螺旋纹理方面的开创性工作。其后，Champion（1924）[2]、Herrick（1932）[3]、Burger（1946—1950）[4]、Kano等（1964）[5]、Mikami和Nagasaka（1975）[6]、Kostov和Todorov（1977）[7]等都做了许多有价值的研究工作。Beals和Davis（1977）[8]将木材花纹系统地归纳成《Figure in Wood》专著出版。其后，Bootle（1983）[9]、Harris（1989）[10]的专著也相继问世，该书核心内容是对于螺旋纹理及波现象在木材花纹的形成机制做了深入的、实质性的科学阐述。

在日本，岛地谦（1976）[11]等著有《木材の組織》，做了较详尽的相关总结，特点是从木材纹理、肌理过渡到木材花纹。其中，对木材射线组织构成的银纹理（silver grain），以及由此构成的虎斑纹举实例做了介绍。

在中国，历年出版的《木材学》教科书中，对木材花纹都做了不同程度的阐述[12-14]，其中，应属成俊卿先生主编的《木材学》中有关木材花纹部分介绍得最为详尽[13]。其中，对木材花纹的人工锯切加工，以及拼接构图设计方面也作了总结性归纳。

21世纪以来，有关木材花纹形成机制专门性研究的现象十分罕见。但在木材花纹的宏观表征方面取得了一定的研究进展。例如，木材花纹的感觉特性、信息熵、分形几何以及眼动跟踪表征等，这些内容将在本书第5章中进行详细介绍。

可以肯定地说，上述诸家有关木材花纹方面卓有贡献的研究成果，对于夯实木材学该领域的宽厚基础以及引领学科前沿、木艺界的健康发展至关重要。

1.2 木材花纹多样性

木材花纹是木材“颜值”的重要表现部位，也是木材“表情”的表达载体。木材花纹的多样性（或称木材表情丰富）主要基于其构成要素的多样性。从根本上说，是基于木材花纹形成因子的多样性。这种多样性体现在构成要素方面，其中有木材的颜色（color）、光泽（luster）、肌理（texture）、纹理（grain）等。

一般，诸多构成要素在木材花纹凸现不同“表情”特征的场合，具有截然不同的个性角色担当。换句话说，A“表情”中有些要素是主要因子，另一些要素则是次要因子；B“表情”中也许出现要素担当逆转场合。例如：虎斑纹，其构成主要要素是射线组织，此时颜色、肌理等要素则处于次要地位了。再如：沼泽纹，主要是由于木材长期处于沼泽环境中引起木材主成分分解变化形成的花纹，此时木材纹理等要素则处于次要地位了。此类例枚不胜举。

另一方面，木材花纹多样性表现在形成因子方面。例如：瘤纹，虽称之为瘤纹，但其花纹千变万化。这些变化基于木材纹理的天然形成，或组织结构发育生长的不确定性。在木材花纹表征方面，可称其组织图案具有分形特征，或归之自然属性。

1.3 木材花纹问题

近十几年来，木材花纹备受木材学界、木业界人士的青睐，可以说木材业界对于木材花纹的重视程度前所未有。

在业界，当今流行着有关木材花纹五花八门的称谓，有些显得离奇古怪、有些偏离了科学性，稍有主观人为造作之嫌。

在学界，木材学同仁对于木材花纹的基本概念，或学术称谓也或多或少存在模糊混沌之处[12-14]。例如：关于“木材结构”的中文称谓，存在一定程度暧昧之意。因用“结构”表达木材表面的细腻程度，容易同宏观、微观结构混淆。在汉字圈，日本学者始终用木材的“肌理”来表达材面的粗细状态。本书作者认为用“肌理”表达木材的细腻程度比较贴切原意。故，在本书中启用“肌理”一词。

在这里，倘若提及木材花纹方面存在什么问题？其主要疑问之处就是有关木材花纹的基本概念。即，木材花纹构成的基本要素有哪些？形成木材花纹的基本因子又有哪些？这些基本要素的定义或概念是否清晰了？等等。

为此，本书力求从木材解剖学的基本原理出发，梳理有关构成木材花纹的基本要素，如颜色、光泽、肌理、纹理和花纹的基本概念及其相互间的关联。对木材花纹的形成因子，例如：细胞生长、遗传基因、立地条件、环境因子等进行了系统的归纳。

2

木材花纹构成

木材的颜色（color）、光泽（luster）、肌理（texture）、纹理（grain）或花纹（figure）是木材表面（材表）的、不同部位、不同层次的主要宏观特征，也是直接影响木材视觉特性及其工艺价值的重要因素。广义地，上述诸项中前四项是构成木材花纹的要素。本章就木材花纹的构成要素做以下简略归纳。

2.1 颜色

木材的颜色取决于木材细胞腔中色素等抽提成分，例如树脂、树胶、单宁及油脂等。这些物质渗透到木材细胞壁中，致使木材呈现出不同的颜色[12]。日本学者增田研究表明，材料的色彩因子及其给予人的印象感密切相关[15]。例如，高明度给予人以亮、轻、软、弱、浅、美丽等印象感，低明度则给予人以暗、重、硬、强、深、豪华等印象感。色相中红对应着豪华、刺激、热情；黄红对应着温暖、稳重；黄对应着刺激、明亮、泼辣；绿对应着自然、新鲜、平和；青对应着冷、平静、理智、理想；紫对应着优雅、古风、神秘、浪漫等印象感。

表2–1 不同心材颜色的对应树种

颜色	对应树种	图示
黑色	乌木（*Diosphros*）	
紫色	紫心苏木（*Peltogyne*）	
橙色	红豆杉（*Taxus*）	
红色	红饱食桑（*Brosimum*）	

（续）

颜色	对应树种	图示
绿色	木兰（*Magnolia*）	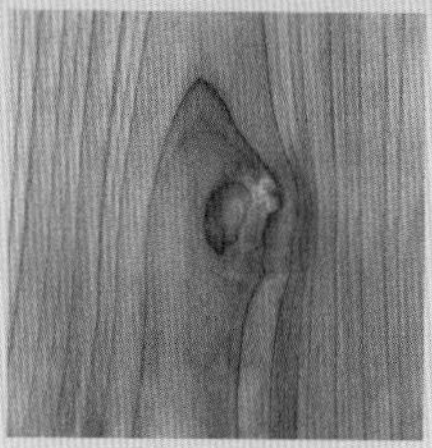
金褐色	柚木（*Tectona*）	
黄色	黄杨木（*Buxus*）	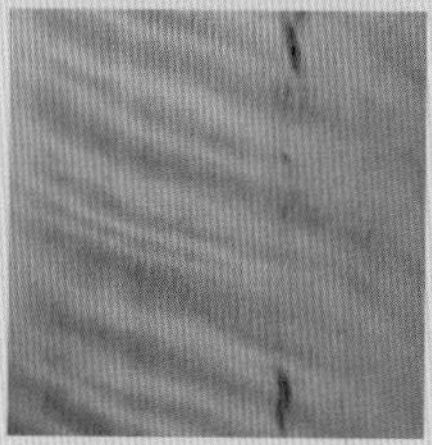
浓褐色	印茄木（*Intsia*）	
黄褐色	山桑（*Morus*）	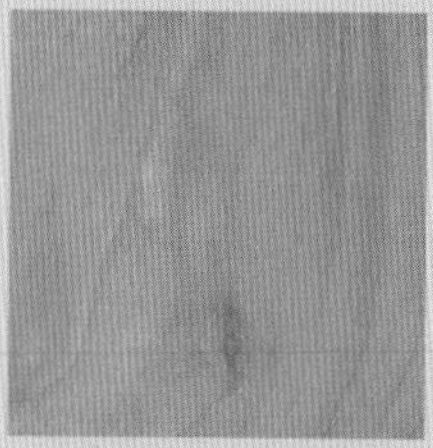
黑色或紫色条纹	条纹乌木（*Diospyros*）	

2.2 光泽

木材的光泽取决于光在木材表面对可见光的正反射程度。如镜面状平滑度非常高的表面，正反射性质显著。一般，物理性的光泽度主要取决于入射木材表面的光线中正反射光的比例，其中木材的反射面可以区分为细胞表层反射和细胞层内反射[13]。另一方面，心理性的光泽度（光亮、光彩）因木材表面颜色而存在差异。

2.3 肌理

肌理原意是指物体表面的组织结构，即各种纵横交错、高低不平、粗糙平滑的纹理变化。按照Harold等的定义，肌理是一个用来划分木材要素相对大小的术语。细肌理（finetextured）木材的单体要素（individual elements）很小，只能用手持放大镜才能进行区分。粗肌理（coarse textured）具有大的单体要素，通常用肉眼可以观察到[8]。对于木材表面而言，肌理一般取决于构成材面细胞组织的相对大小、分布及其性质[11]。

一般，按照构成要素导管直径的大小或年轮的宽窄，可以划分为细（fine）、粗（coarse）、中庸（medium）。有时，还用均匀（even）、非均匀（uneven）、平滑（smooth）、粗糙（harsh）等用语类定性描述。

粗：构成材面要素，例如导管直径大或年轮宽等场合。例如：麻栎、泡桐、苦楝等。

细：构成材面要素，例如导管直径小或年轮窄等场合。例如：柏木、黄杨木、滇椴、子京、木莲等。

中庸：构成材面要素，例如导管直径或年轮介于粗细之间等场合。例如：核桃木、黄杞木等。

2.4 纹理

按照Harold等关于纹理的定义，纹理主要与木材纵轴构成要素的取向密切相关[8]。这里的木材纵轴构成要素可以理解为针叶树材的管胞、阔叶树材的轴向薄壁细胞、木纤维、导管。该定义同教科书一致[12]。岛地则阐述为：在材面或材中，构成木材细胞（尤其是沿轴向排列的细胞）排列的样式、取向。从纹理的构成细胞来说，在岛地定义中排除括号中强调意思外，隐含着构成木材的横向细胞，例如射线组织的排列、取向也是纹理的要素之一[9]。

在此，这里归纳一下纹理的类型：

直纹理（straight grain）：木材轴向要素与树轴或材轴方向平行。

斜纹理（cross grain）：木材轴向要素与树轴或材轴方向非平行的总称。其中，包括螺旋纹理、交错纹理、波状纹理等。

螺旋纹理（spiral grain）：或称回旋纹理、扭转纹理。木材轴向要素相对树轴呈螺旋状走向。有些树种甚至从树皮就能观察到，例如，日本落叶松（*Larix kaempferi*）。

交错纹理（interlocked grain）：上述螺旋纹理的方向周期性地逆转形成一种新的纹理状态。主要见于热带产树种，例如：柳桉（*Shorea* spp.）。

波状或卷曲纹理（wavy or curly grain）：构成木材的要素波动，呈现波状模样。一般，锯开木材的材面出现凹凸的波状。

2.5 花纹

一般而言，木材中的花纹是由颜色、色泽、肌理和纹理等要素综合效应构成的。狭义地，木材花纹主要源于木材纹理的排列、取向，这个因素取决于木材的生长基因等方面。广义地，除木材的纹理外，木材的花纹还源于颜色、色泽和肌理等因素，颜色和色泽等因素取决于木材成分和所处外界环境等因子。

Harold等把树木的花纹分成立木花纹（figure in living trees）和木材花纹（figure in wood）[8]。按照Harold的观点，立木中的花纹主要是基于木材纹理要素沿木材径向或弦向（或两者的结合）上的变化或扭曲，导致了一些常见的花纹类型，即带状（stripe）、泡瘤状（blister）、卷曲（curl）、波状（wavy）花纹等。一般，检测立木中花纹是十分困难的，因为没有可靠的外在指标用来识别具有花纹的树木，无论是孤树还是森林中的树木。

木材花纹是用来表现木材构成要素界限的图案。一般，锯材或单板表面的花纹是纹理或颜色的变化，以及不同的锯材方法导致的。原木加工成锯材或单板时，可以产生两种图案类型，弦向或径向。弦切面的生长轮展现出典型的嵌套的V形线图案，径切面的生长轮表现出一系列的近平行线。垂直于弦切面和径切面的横切面对花纹的贡献很少，横切面展现出来的图案为类同心圆或弧。

一般，除直纹理以外如交错文理、波纹理等构成的花纹，或根部、或瘤处由于异常纹理存在时构成的花纹，更具有美学、工艺价值。

3

木材花纹形成

3.1 纹理生长

3.1.1 螺旋纹理

一般，正常轴向细胞群几乎平行于树干纵轴（图 3-1）。螺旋纹理（spiral grain）不像垂直纹理平行于纵轴，而是螺旋地成行排列于纵轴方向（图 3-2）。螺旋生长起源于形成层原始细胞的一种垂周分裂，发育成侵入生长，这种生长导致了形成层原始细胞和后来的木质组织产生了螺旋取向（左旋或右旋）。

螺旋纹理在某些树种中极为常见（图 3-3），早期的木材研究者们，对于螺旋纹理的存在是属于缺陷还是许多树木的正常属性，看法不一。Harris（1989）[10]在后期的研究中指出，螺旋纹理可能并不总是以同样的方式出现，对树木的发育和生存的影响也不同。直纹理和简单形式的螺旋纹理并不会产生花纹，因为木材表面反射光线的角度与光线照射的角度几乎一样。

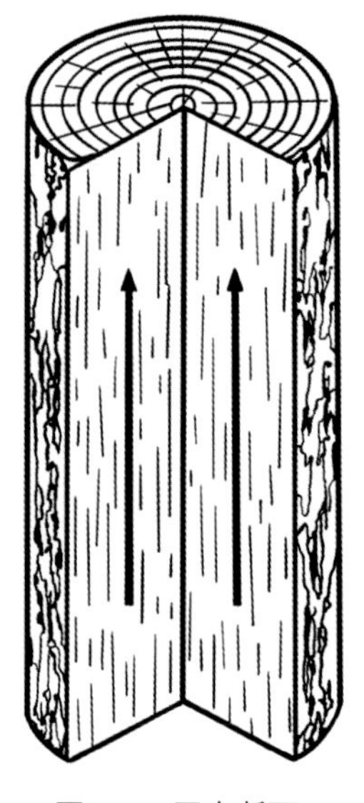

图 3-1 原木断面（径切面）垂直纹理

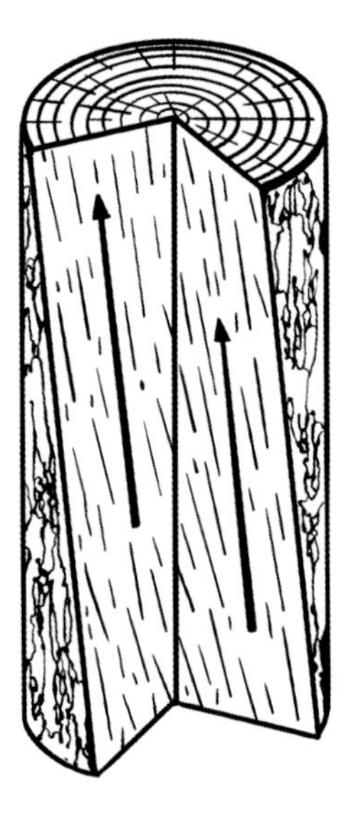

图 3-2 原木断面（径切面）螺旋纹理

图 3-3 螺旋纹理（日本落叶松 *Larix kaempferi*）

3.1.2 交错纹理与带状花纹

交错纹理是螺旋纹理的一个变体。螺旋方向在连续的生长轮中表现出规律的交替，从而形成了交错纹理（interlocked grain）（图 3-4）。露出的端面和侧面纹理对光呈现不同的吸收和反射。暗条纹是端面纹理对光的吸收，明条纹是倾斜的侧面纹理对光的反射。

交错纹理和螺旋纹理的出现也可以被理解成为一种波现象，即纹理在沿生长轮生长过程中，具有一个因纹理角度变化而呈现的波属性。值得注意的是，纹理方向的逆转并不是产生交错纹理的必要条件。当螺旋形的角度在半径上波动较大，分割的样品也同样会呈现交错纹理，即使所有区域在树干上沿着一个固定的方向转动。

交错纹理普遍存在于热带树材和少量温带阔叶树材中，如蓝果树属（*Nyssa* spp.），枫香树属（*Liquidambar* spp.）、榆属（*Ulmus* spp.）、悬铃木属（*Platanus* spp.）。交错纹理会形成带状花纹（stripe figure）（图3-5）。有时带状花纹会发生变化，这是模糊不清的交错纹理与形成不够良好的波状纹理的共同作用。

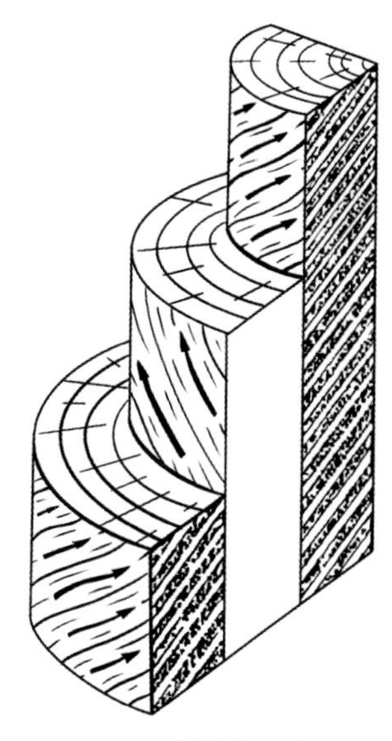
图3-4　交错纹理断面

图3-5　带状花纹（桃花心木*Swietenia* spp.）

3.1.3　波状纹理与琴背花纹

如上述，木材纹理在径切面或弦切面上呈波状，统称为波状纹理（wavy grain）（图3-6）。

图3-6中右侧的为类似的平滑切割后径切面和弦切面示意图，显示出一系列水平方向平行的花纹。这种波状纹理源于未完全分化形成层原始细胞的侵入生长以及有限的空间内的延伸。未完全分化形成层原始细胞在伸长过程中，其尖端侵入毗邻细胞间隙（如木射线细胞）导致侵入生长。并在侵入之后，扩大变成导管、纤维或者其他单元，导致细胞组织的径向、弦向平面发生了明显的位移，过程示意如图3-7至图3-10。

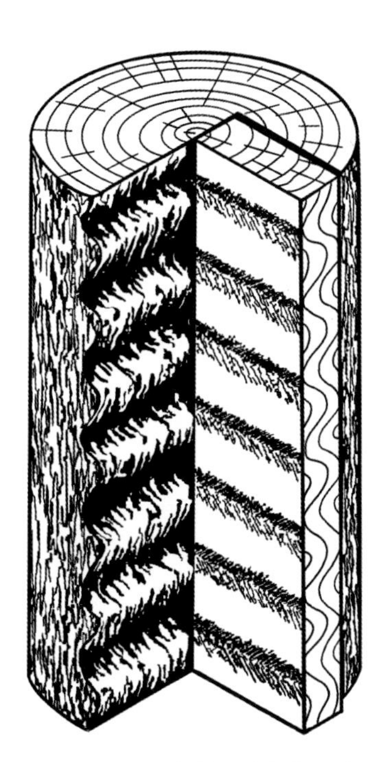
图3-6　原木断面（径切面）波状纹理

波状纹理可以产生的一种干涉图案或者“摩尔纹、水波纹”的花

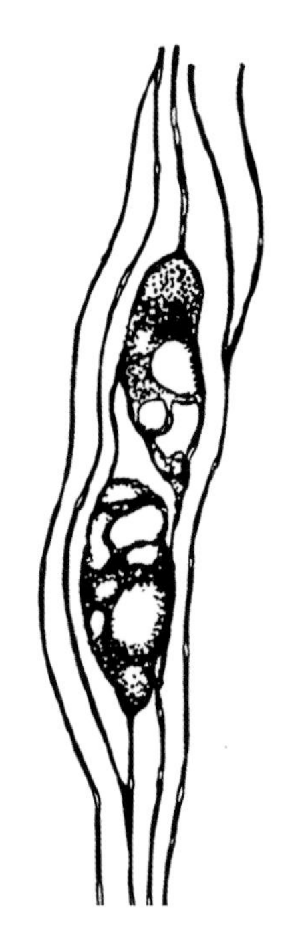

图3-7　侵入生长的早期：一个未分化的细胞侵入一个木射线中（弦切面）

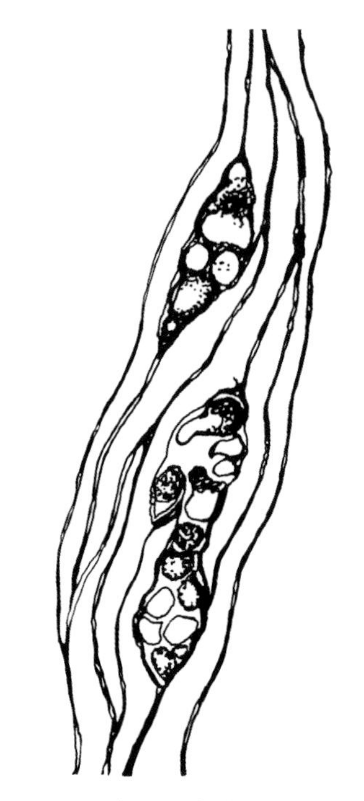

图3-8　侵入生长中期：木射线被未分化的细胞强制分离（弦向）

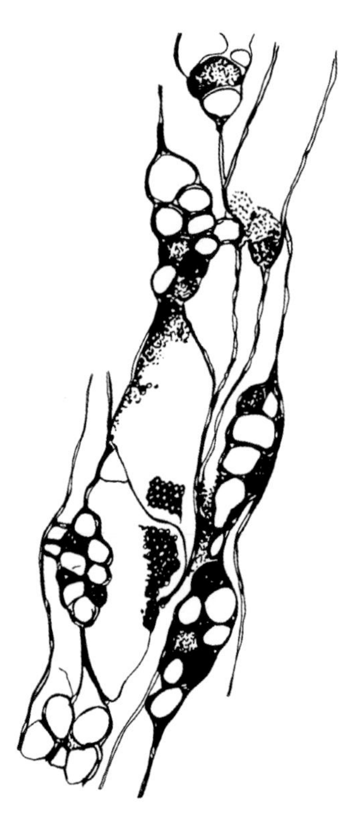

图3-9　侵入生长晚期：细胞开始部分分化成导管分子（弦向）

图3-10　弦向位移的区域

纹，它可以使观察者产生一种视错觉，移动的条纹或者因纤维结构引起的明暗对比强烈的干涉区域，也被称为琴背花纹（fiddleback figure）。

历史上，琴背花纹源自16世纪中叶，因木材波状花纹板材在弦乐器上的大量应用而得名，主要用材来自槭属（*Acer* spp.）、白蜡树属（*Fraxinus* spp.）、桦木属（*Betula* spp.）和胡桃属（*Juglans* spp.）。优质的琴背花纹限定为均一的、直纹的径向切割木材，须呈现出明显的褶皱效果，并且不存在突起、凹槽或不平整（图3-11）。

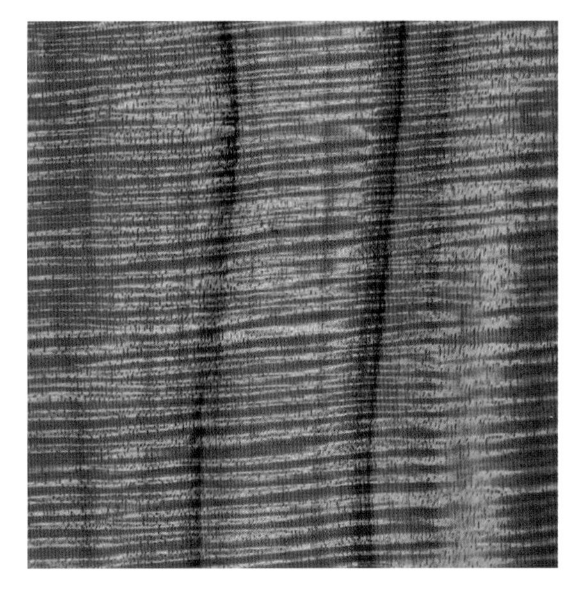

图3-11　琴背花纹
（夏威夷相思树*Acacia koa*）

3.1.4　波状纹理与泡纹

波状纹理（wavy grain）同样也对木材的弦切面有影响。具有波状纹理的木材的弦切面呈现出一种不规律的泡瘤状图案，称之为泡纹（blister figure）（图3-12）。

极少情况下，外部寄生树皮瘤状突起可以帮助判断花纹的存在。桦木属（*Betula* spp.）中偶尔会发现这种花纹，剥去树皮后可能类似于一个波状的排水管。类似的花纹在某些松属（*Pinus* spp.）木材中也可观察到，但是也很少（图3-13）。

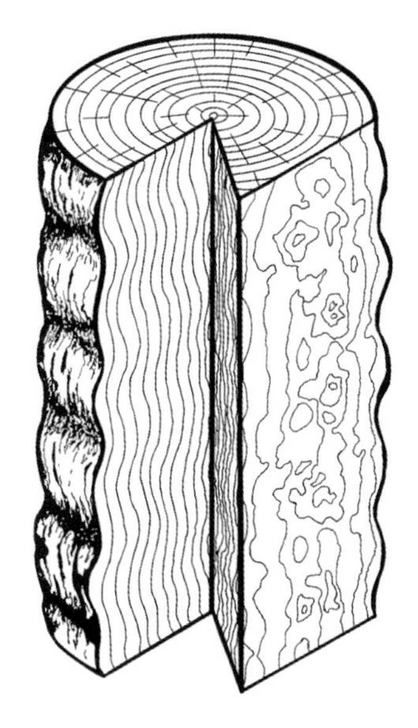

图3-12　原木断面（弦切面）泡瘤花纹

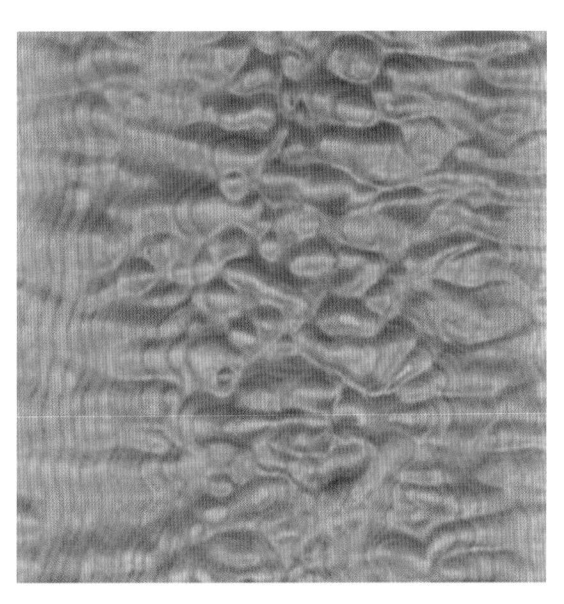

图3-13　泡纹
（大叶槭木*Acer macrophyllum*）

3.1.5 锯齿状年轮与花纹

酒窝（dimple）、鸟眼（bird's eye）和熊瓜抓痕（bear scratches）三种类型的花纹被认为是源自锯齿状年轮扭叶（indented growth rings），主要存在于花旗松（*Pseudotsuga menziesii*）、扭叶松（*Pinus contorta*）、糖槭（*Acer saccharum*）、西加云杉（*Picea sitchensis*）、桦木属（*Betula* spp.）和桃花心木属（*Swietenia* spp.）等树种中。

木材中局部组织受到生长抑制，导致年轮中出现凹口，这种缩减的年轮年复一年在同样的位置生长，最终形成锯齿状年轮（图3-14、图3-15）。

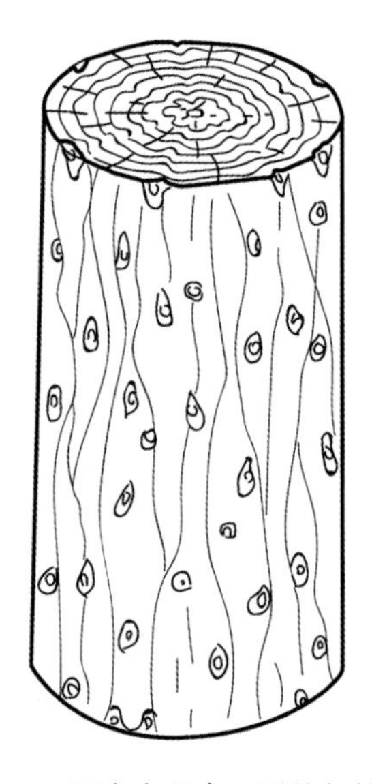

图3-14 原木表现出环形的年轮凹陷

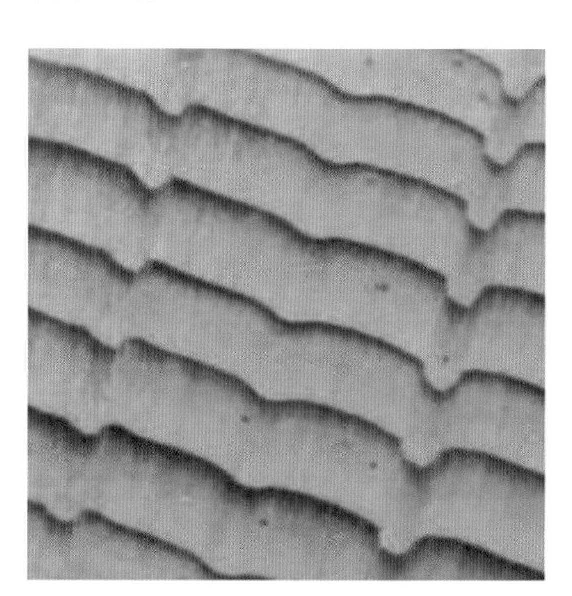

图3-15 锯齿状年轮
（西黄松*Pinus ponderosa*）

锯齿状的花纹在弦切面受到影响，它们主要由靠向髓心的尖锐的、锥形的，或者是透镜式的凹陷形成。而与之相反的泡纹，则受到靠向树皮方向类似凹陷的影响。在横切面和弦切面，鸟眼花纹和酒窝花纹形成的方式类似。纵切面上的熊爪花纹源于这些锯齿。

（1）酒窝花纹

生长轮中的锯齿创造了许多局部的、圆锥形的凹陷，它们通常少于一个生长轮，非常小和浅，被称为酒窝花纹（dimple figure）。扭叶松（*Pinus contorta*）的弦切面，典型地表现出酒窝花纹（图3-16），在木材鉴定时十分有用。

图3-16 酒窝花纹
（扭叶松*Pinus contorta*）

（2）鸟眼花纹

生长轮中的锯齿也会创造出少量局部的锥形凹陷，它们更大且更深（通常是一个或者更多生长轮），被称为鸟眼花纹（bird's eye figure）。糖槭（*Acer saccharum*）中的鸟眼花纹是最有名的锯齿状生长轮花纹（图3-17）。鸟眼花纹在一些其他树种中也有出现，如梣属（*Fraxinus* spp.）、桦木属（*Betula* spp.）和胡桃属（*Juglans* spp.）；在产自古巴的桃花心木（*Swietenia mahagoni*）中，表现出巨大的鸟眼花纹。

鸟眼花纹常伴随波状纹理一起出现，使得外观的花纹更显著。鸟眼花纹的一个特点是会沿着同一半径延续许多年。鸟眼花纹的形成是形成层组织分裂的局部抑制导致锯齿生成的结果，这个迟滞效应持续多个生长期，产生一个锯齿状的圆锥形的凹陷。

（3）熊爪花纹

锯齿状的生长轮以细长的或者透镜式的凹陷形式存在，在弦切面形成了纵向条痕，由此得名熊爪花纹（bear scratches figure）（图3-18）。其中，表面上的透镜状凹陷为薄壁组织。这种花纹最常见于西加云杉（*Picea sitchensis*）和花旗松（*Pseudotsuga menziesii*）。

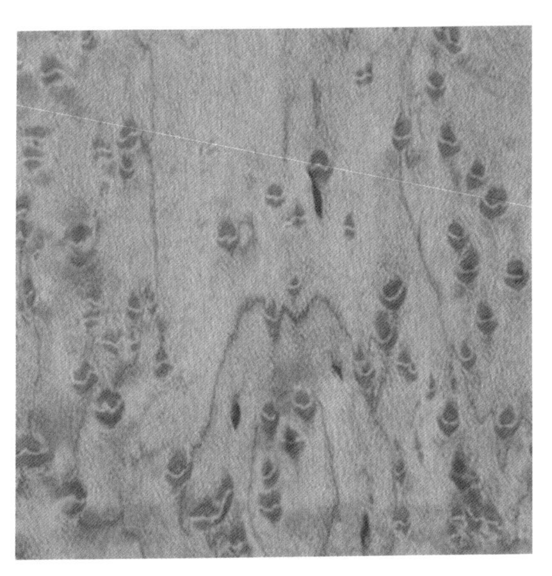

图3-17　鸟眼花纹
（糖槭*Acer saccharum*）

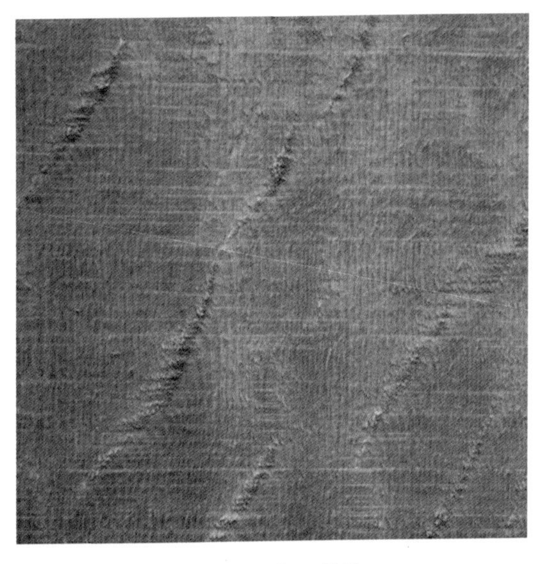

图3-18　熊爪花纹
（云杉*Picea* spp.）

3.2 遗传基因

在很多物种的研究中已经表明，螺旋纹理在一定程度上是遗传调控。然而，观察森林中的灌木茎时发现，有些物种螺旋纹理的遗传控制微不足道。

在此，必须要区分广义遗传力和狭义遗传力。广义遗传力（无性繁殖的后代）指总的遗传变异占表现型变异的百分数，而狭义遗传力（有性繁殖的后代）是考虑到加性遗传变异占表现型变异的百分数。

林业工作者感兴趣的主要问题是能通过树木选育或营养繁殖，降低螺旋纹理的可能性。遗传纹理不但需要较高的遗传力，还需要表现型变异力和适用于高效选择强度的机会。在起源地之间，许多树种的螺旋纹理都存在明显的差异，这意味着种源筛选和优势木表现型的选择的可能性。

将螺旋纹理纳入树木改良的范畴具有一定难度，原因在于大多数物种的树木选育优先考虑的是产量、树干形态和抗病性等特征。重要的是要能够证明减少螺旋纹理角度会在利用过程中带来经济优势，并确保在表型之间可以对螺旋纹理进行有效的比较，从而实现有效的遗传性。

在纹理的遗传领域对交错纹理和波状纹理的遗传性研究严重不足。考虑到具有这些特征的装饰性木材的高价值性，需要在树木改良过程中给予高度的重视，这将是未来研究的优先领域。

3.3 地域环境

虽然环境影响螺旋纹理形成的方式引发了一些关于树木生长的非常稀奇和怪诞的假说，但是却没有事实信息。没有证据表明螺旋形有规则的图案是由任何环境因素引发的，或归因于环境因素。很有可能是，螺旋纹理的自然趋势是由遗传决定的，然而它的表达可能是依赖于环境的，至少有部分是。

环境因素对于螺旋纹理影响的不可预测性为我们指出，需要对螺旋纹理的生理和遗传学来源，以及导致其形成的解剖的过程有更好的理解。

仅在单一种类内就会出现不同的反应，这让研究者们很难给出能使螺旋纹理最小化的精确处理方案。因此，研究者们应该意识到利用螺旋纹理的需求，并且应该理解，如何可能的话，一般的图案即：螺旋形成中当螺旋角最小时的最大化生长所展示的图案。

有证据显示螺旋纹理对树木在某些特定环境中生存有一定优势。然而，在一般生产中，直纹理的树木最有竞争性，并且在追求减少螺旋纹理，这样可以减少缺陷。

3.4 其他因素

立木中花纹的最终起因在很大程度上仍是未知。研究表明，多种应力类型影响花纹的形成，有来自倾斜力（倾斜的树木中产生的力）、气候条件、疾病、萎缩和一些其他原因。

我们目前对螺旋纹理生理过程有一定的认识，这个认识只是复杂模式的一部分。改变螺旋角度可以认为是改变树干的放射对称极轴（polar axis），不同梯度的系统中产生，这个前提产生了一些关于这些特性的有用概念。

至少有两种茎极性的主要组分。组织中细胞的拉力和压缩力是物理环境中重要的一部分。生长素自上而下的强烈运输则是主要的化学组分。形成层中的纺锤形初始细胞也有可能本身就有极性。

形成层中的具有很长周期的波形图案（将近十年），导致了木材中的波形，构成了特殊的问题。有研究指出，感观的波仅反映出最基本的干涉图案，来自形态形成的活动中更多的快速移动的波现象，或许是在某些树种中可以直接观察到。研究发现，生长素在茎中是以波浪状模式流动的，这就正好与这个假说一致，尤其是像其他的生长物质在生理浓度具有调控生长素的波现象。

虽然还需要做很多工作，但是目前已有证据表明，形态发生领域的顶端控制是通过耦合振荡器的超细胞系统。在细胞水平的操作模式可以理解为是三维的生长素运输领域。除了已经辨别的过程，伴随着侵入生长、取向一致的拟横向分裂以外，纺锤形原始细胞或许直接响应生长素运输（通过角度改变它们的方向，每次平周分裂至少1度）。

因此对未来研究而言，螺旋纹理是一个前景广阔的主题。在大树中的形成层带的组织可以作为一个良好的系统，用来研究远程的形态控制。这些组织具有高度的构造和生理学的一致性，可以用它们来研究生长素的极性运输，以及它在传送形态形成的信息上的可能性。

4

木材花纹图谱

4.1 图谱分类

依据木材花纹的不同构成起源，或正常组织纹理，或异常组织纹理，或非组织纹理，或其他因素形成的、形态各异的木材花纹，这里，将其划分成以下两大类：

（1）木材组织类花纹

主要以木材正常生长组织形成的纹理，例如直纹理、斜纹理等为主要单元构成的花纹，以及以非正常生长组织形成的纹理，例如瘤纹理、愈伤组织等为主要单元构成的花纹。

（2）非木材组织类花纹

以木材生长形成纹理以外因素，例如菌类等生物体侵入木材肌体，或木材化学成分反应，或木材物理、化学加工等过程中形成的特定单元构成的花纹。例如沼泽花纹、碳化花纹等。

以下列举了上述定义的两大类木材花纹的一些典型图谱，归纳了不同类型木材花纹的主要特征、树种和用途。

4.2 木材组织类花纹

（1）泡纹

[特征] 由于树木面的瘤产生，一般出现在树干或树枝的内部，一些较小圆形模样图案分散出现，如同漂浮在水面的泡粒状花纹（图4-1）。

[树种] 沙比利（*Entandrophragma cylindricum*）、槭木（*Acer* spp.）等。

[用途] 地板表板材、装饰板材等。

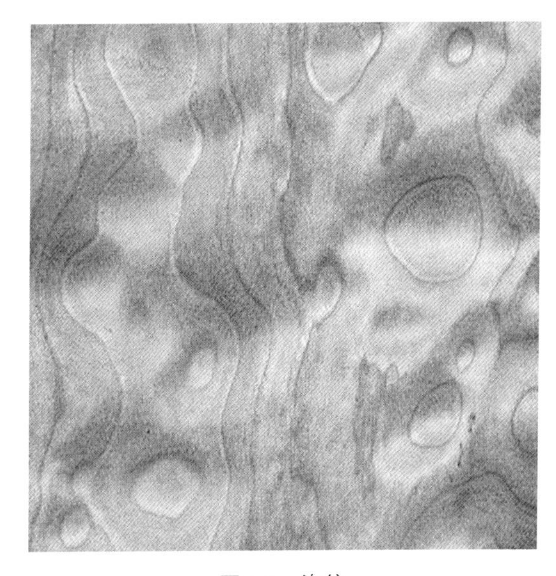

图4-1　泡纹

（2）眼球纹

［特征］如同眼珠结构，纹理呈近视镜片的凸状圆形模样纹，由此派生出许多花纹，通常广义地称为眼球纹（图4-2）。数百年以上树龄的榉木会出现眼球纹，是因为柔软材占得份额多。一般，把眼球纹大体上区分为多个同心圆组成的华丽的大眼球花纹和点散分布的小眼球花纹。两者平衡分布的花纹极少，在木材花纹中是有价值的极品之一。有人认为眼球纹一边倒图案显得有些单调，眼球纹的阴阳顿挫分布，整体戏剧性变化花纹才具有雅趣。也有人把眼球纹称之为“珠纹”。

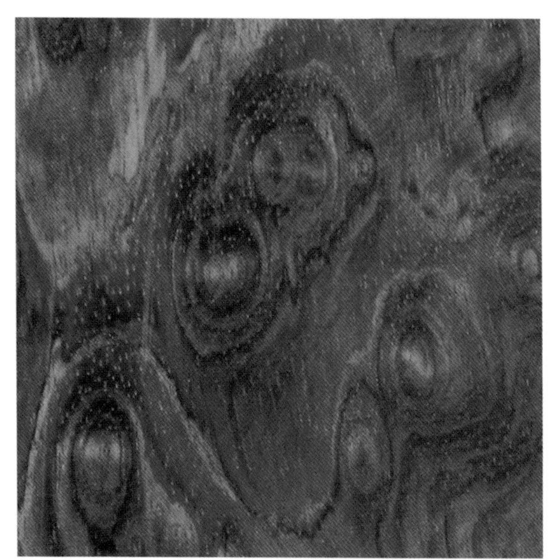

图4-2 眼球纹

［树种］主要出现在榉木（*Zelkova serrata*）、水曲柳（*Fraxinus mandshurica*）、桑木（*Morus* spp.）、樟木（*Cinnamomum* spp.）等木材中。

［用途］装饰板材等。

（3）牡丹纹

［特征］一些较大的圆形模样图案，同心圆的轮廓像锯齿排列，整体构成像牡丹花瓣聚合在一起的纹理模样（图4-3）。有时也存在鸟眼部分，其周围似牡丹花瓣状。

［树种］
主要出现在榉木（*Zelkova serr-ata*）、水曲柳（*Fraxinus mandshurica*）、桑木（*Morus* spp.）、樟木（*Cinnamomum* spp.）等木材中。

［用途］装饰板材等。

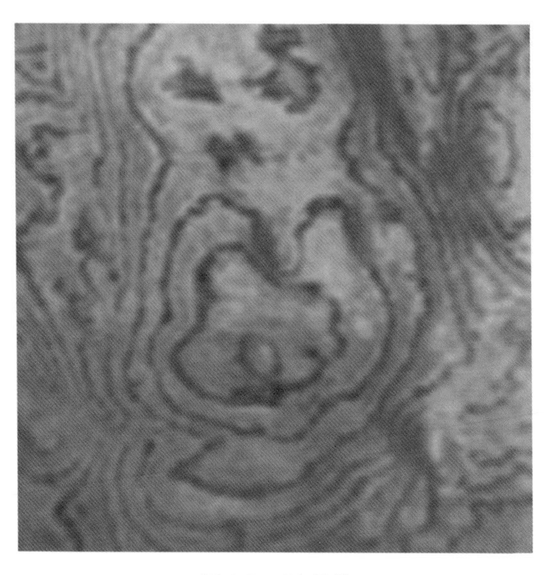

图4-3 牡丹纹

图4-4 葡萄纹

（4）葡萄纹

［特征］一些较小圆形模样的图案相连，像一串串葡萄下坠悬挂一样的花纹（图4-4）。

［树种］在蔷薇科（Rosaceae）或楠木（*Phoebe* spp.）的根瘤中偶见、非常珍奇的花纹。

［用途］一般作为高级车的控制板或仪表板使用。

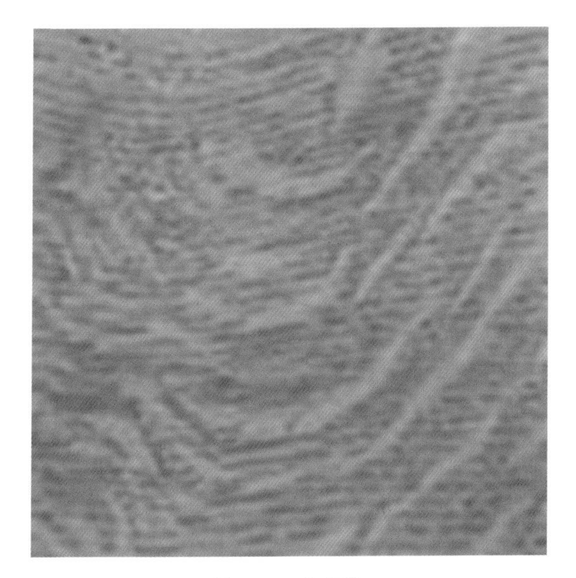

图4-5 虎斑纹

（5）虎斑纹

［特征］带状花纹横向分布在木材径切面的模样，称此为斑。把斑大者，像老虎毛样的斑点模样花纹称为虎斑纹（图4-5）。由于其花纹主要构成要素来源于射线组织，故也将这类源于射线组织的花纹统称为银纹（sliver grain）。19世纪初，具有虎斑纹的槭木板材被小提琴制作家用于小提琴背板，故又称斑纹为琴背纹。

［树种］常出现在壳斗科（Fagaceae）木材，如栎木（*Quercus* spp.）、槭木（*Acer* spp.）等。

［用途］小提琴背板、装饰板材等。

（6）竹叶纹

［特征］如同竹叶折叠起来呈现的锯齿状模样的花纹（图4-6）。

［树种］樟子松（*Pinus sylvestris*）等松类木材。

［用途］常用于日本和室天棚板或障子的腰板等。

图4-6　竹叶纹

（7）鱼鳞纹

［特征］极小的漩涡状花纹连续不断地重叠起来，如同鱼鳞模样的花纹，也可以看作是一种特殊漩涡纹（图4-7）。如同鱼鳞具有一定银鳞状光泽的花纹非常稀少。硬榉木中纹理和纹理之间具有美丽光泽和生长轮，如此同银鳞的光泽非常相似。一般情况下，鱼鳞纹和轮纹不同。

［树种］榉木（*Zelkova serrata*）、槐木（*Sophora* spp.）。

［用途］装饰板材等。

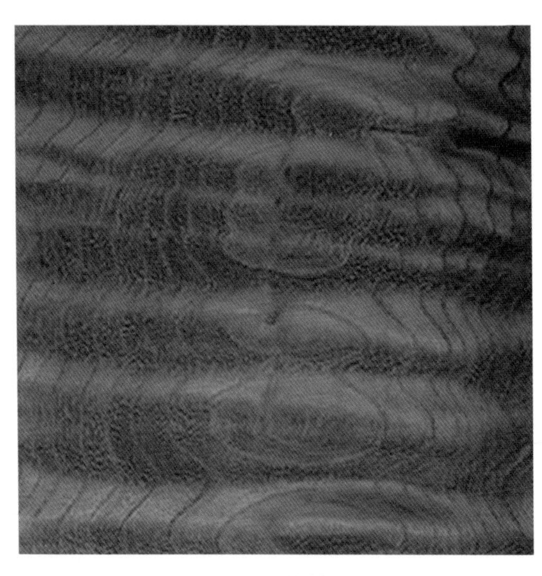

图4-7　鱼鳞纹

图4-8　鹌鹑羽纹

（8）鹌鹑羽纹

［特征］木材纹理构成如同鹌鹑羽毛模样的花纹（图4-8）。陶瓷器工艺中常出现“鹌鹑斑”用语，所以鹌鹑羽纹从很早就有人使用了。此花纹用语多用于日本柳杉中。

［树种］常见针叶树材的日本柳杉（*Cryptomeria japonica*）、赤松（*Pinus densiflora* Sieb.et Zucc）古木。

［用途］装饰板材等。

图4-9　笋纹

（9）笋纹

［特征］将竹笋沿纵向切开时出现的如同山峰状典型的、弦切面的花纹，纹理清晰、均整（图4-9）。有时也称为“山纹”。

［树种］杉木（*Cunninghamia* spp.）。

［用途］装饰板材、家具板材等。

（10）鸟眼纹

［**特征**］如同小鸟眼睛那样很小的圆形斑点，散落分布在板面的纹理模样（图4-10）。

［**树种**］大多出现在槭树类（*Acer* spp.）或称谓糖槭（*Acer saccharum*）木材中，因为这种树木树液中可以提取蔗糖，木材也有微香。一般，将鸟眼纹出现的槭木为鸟眼槭（brid's-eye maple）。

［**用途**］多用于高级家具材、乐器材。其中鸟眼越多、越均等、越稀少。

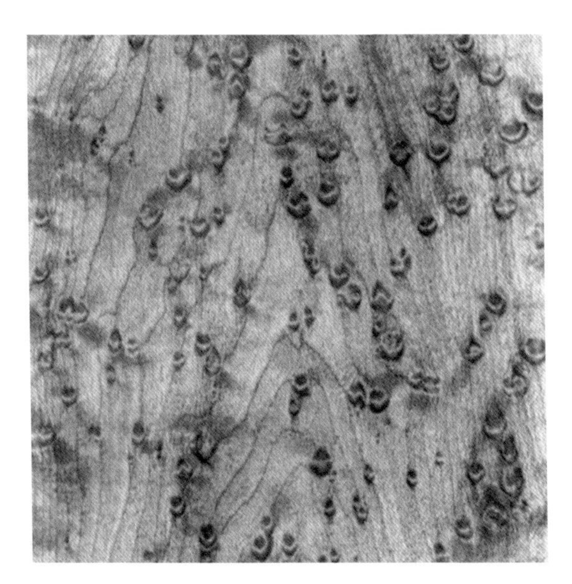

图4-10　鸟眼纹

（11）波纹

［**特征**］木材细胞排列呈波状纹理模样的花纹（图4-11）。有人把图案S形的连续波形叫作“波纹”；把不断推拥的波形叫作“波状纹”。其实，“波纹”和“波状纹”不过是波状纹理相差90度的区别。也有人把波纹称作卷纹（curly figure）、小提琴背板纹。

［**树种**］常见于七叶树（*Aesculus chinensis*）、槭树类（*Acer* spp.）等木材中。

［**用途**］常用于小提琴等乐器的面板等。

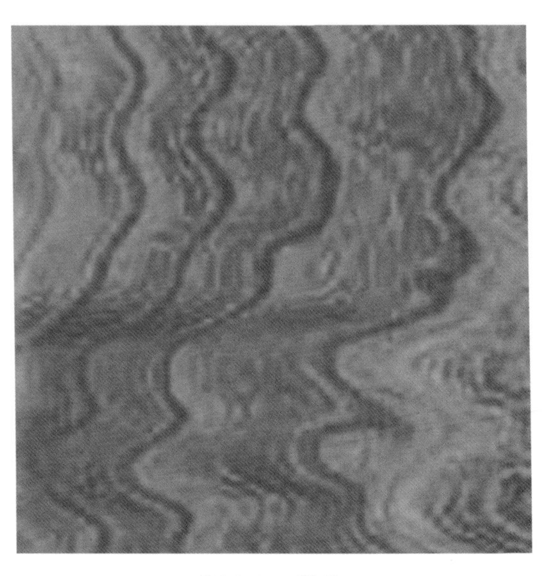

图4-11　波纹

（12）带状纹

［特征］木材纹理交错在径切面出现的花纹，是由于光沿顺纹理和逆纹理反射相互交错出现条状模样的花纹（图4-12）。也称交错纹、箭头形条子纹。

［树种］一般常见于沙比利（*Entandrophragma cylindricum*）、柳桉（*Shorea* spp.）、桃花心木（*Swietenia* spp.）木材中。

［用途］装饰板材等。

图4-12　带状纹

（13）编织斑纹

［特征］材面出现的斑点状射线组织，富有装饰性的花纹（图4-13）。尤其把斑点排列成编织状美丽的图案的板材，称为编织木材。

［树种］榉木（*Zelkova serrata*）。

［用途］室内装饰用板材等。

图4-13　编织斑纹

（14）条纹

[特征] 条纹与导管组织构成的纹理图案不同，是由木材化学色素形成的条纹模样（图4-14）。有时细分为乱条纹或鹿斑纹。特殊情况有，把黑檀称为条纹黑檀、黑柿称为条纹柿。

[树种] 一般常见于柚木（*Tectona grandis*）、黑柿（*Diospyros nitida*）、黑檀（*Diospyros ebenum*）木材中。

[用途] 常用于小提琴等乐器的面板等。

图4-14　条纹

（15）孔雀纹

[特征] 如同孔雀羽毛般的花纹（图4-15），偶见黑柿木材中，由于黑柿木材本身就稀少，且孔雀纹又非常少见，因此十分珍贵、艺术价值高。

[树种] 黑柿（*Diospyros nitida*）。

[用途] 装饰板材等。

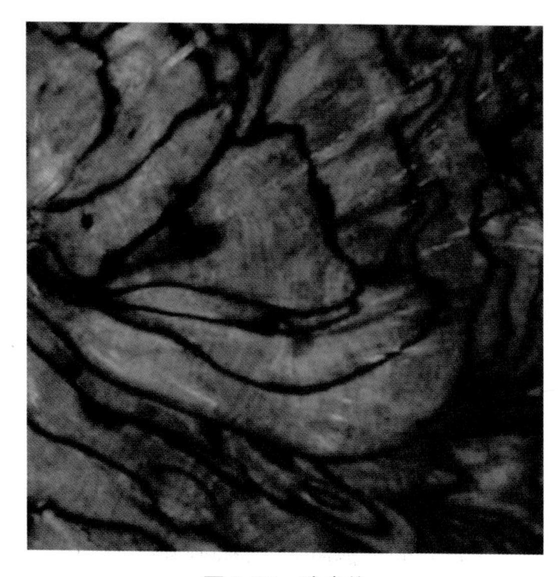

图4-15　孔雀纹

（16）青鱼纹

图4-16 青鱼纹

［特征］由于特殊组织生长的树干被分成两部分，形成独特的花纹。一般称作青鱼纹（图4-16），或二股纹。

［树种］胡桃木（*Juglans* spp.）。

［用途］特殊装饰板材或木工艺品原材料。

（17）蛇纹

图4-17 蛇纹

［特征］此类花纹呈现出不同的形态，有的像蛇皮纹，有的似象形文字，还有的像英文字母，因此也有人给它取名为“甲骨文木”“字母木”，生动而有趣（图4-17）。有人认为这种奇特的花纹是由于树脂凝聚而形成，光泽度很强、结构致密，具有很好的装饰效果。

［树种］蛇纹木（*Piratinera guianensis*）。

［用途］常用来做一些小物件，如琴弓、刀柄、拐杖等。

（18）瘤纹

［**特征**］一般情况下，树木表面形成的凸起瘤状物，是由于枝或树皮失去时产生的。瘤部的纹理比通常纹理混乱，且非常密集，但有时发现瘤中间存在空洞，瘤的硬度也存在差异。通常把锯材时瘤显现出来的花纹模样的统称为瘤纹（图4-18）。有时，特别把接近树根部产生的瘤形成的花纹称为根纹。

［**树种**］北美红杉（*Sequoia sempervirens*）、黑杨（*Populus nigra*）、欧洲榆（*Ulmus minor*）、樟科（Lauraceae）。

［**用途**］特殊装饰单板等。

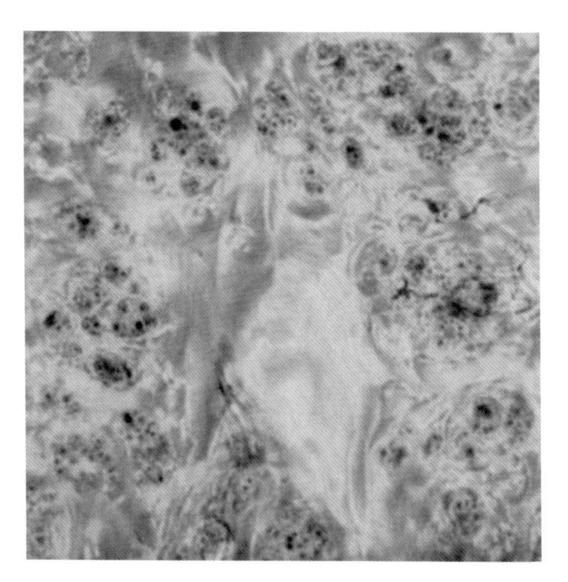

图4-18　瘤纹

（19）涡纹

［**特征**］纹理如同鸣门涡潮*状的模样，由于直线部分和球状部分不能很巧妙地配置，有些不像漩涡（图4-19）。

［**树种**］进口针叶树材。

［**用途**］特殊装饰单板等。

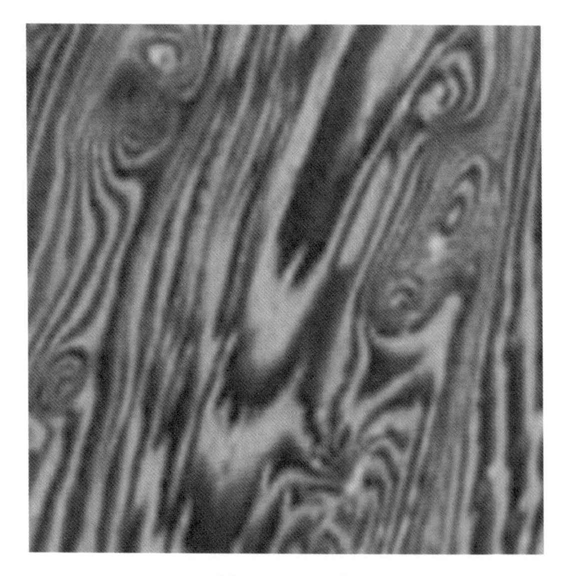

图4-19　涡纹

* 鸣门涡潮，又称鸣门漩涡，发生于日本的鸣门海峡，“世界三大漩涡”之一。

（20）火焰纹

[特征]纹理如同火焰模样，有时像西域火焰山的山壁（图4-20）。

[树种]马耳他国树山达脂柏（*Tetraclinis artculata*）树榴。

[用途]特殊装饰单板等。

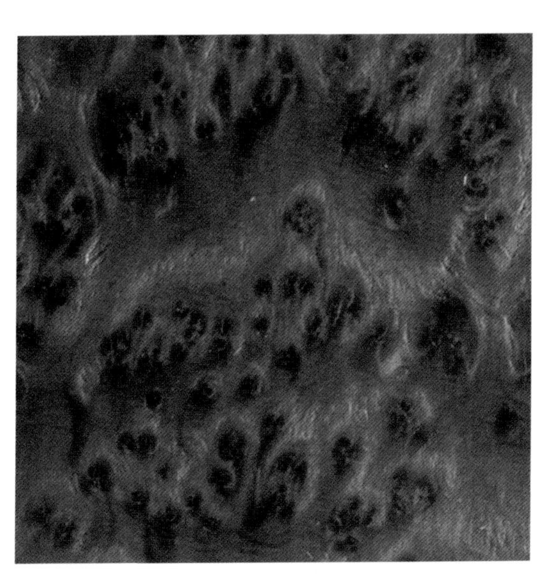

图4-20 火焰纹

（21）绉纹

[特征]绉纹是由木材纤维方向垂直的纹理构成的图案（图4-21）。锯材中常有"绉自七叶树"或"七叶树生绉"之说法。因此，七叶树的皱纹很有名。"一寸八绉"是指约3厘米长的板面上有8个绉的连续图案，也有"一寸十绉"之说，其实两者无大差异。此花纹作为家具材应用时，绉纹的间隔是判断良否的一个重要因子。七叶树绉纹本身具有光泽，但经涂漆后其纹理光泽稍有变化。

[树种]七叶树（*Aesculus chinensis*）。

[用途]装饰单板等。

图4-21 绉纹

（22）射线纹

［**特征**］在南天竹横切面上出现的射线组织，由髓心沿径向辐射状密集分布图案（图4-22）。

［**树种**］南天竹（*Nandina domestica*）、常春藤（*Hedera nepalensis*）。

［**用途**］工艺品原料或特殊装饰用材等。

图4-22　射线纹

（23）熊爪纹

［**特征**］锯齿状生长轮以细长或透镜式凹陷形式存在，在弦切面上形成了纵向条状痕迹，类似熊爪抓过的痕迹（图4-23）。其中透镜状凹陷为薄壁组织。

［**树种**］西加云杉（*Picea sitchensis*）和花旗松（*Pseudotsuga menziesii*）

［**用途**］工艺品原料或特殊装饰用材等。

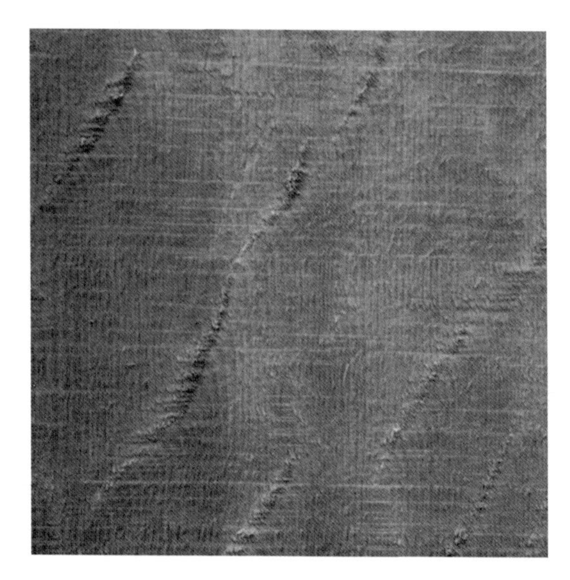

图4-23　熊爪纹

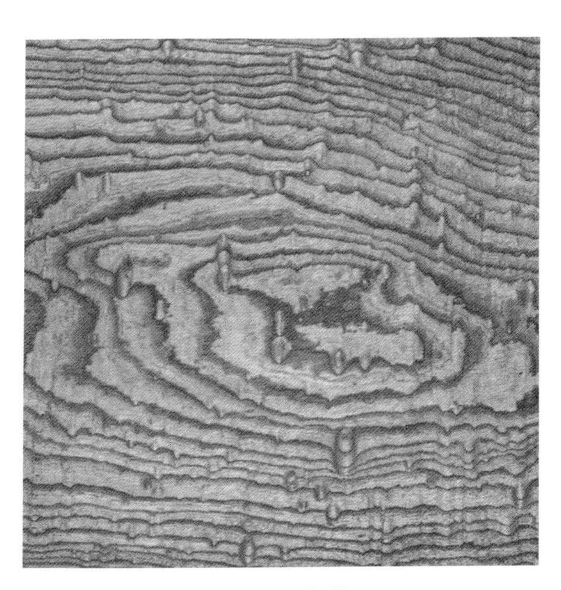

图4-24 蟹纹

（24）蟹纹

［特征］纹理如同蟹壳状模样，也像蟹爪左右伸展模样的图案（图4-24）。

［树种］老树龄松木（*Pinus* spp.）、铁杉（*Tsuga chinensis*）。

［用途］工艺品或乐器特殊装饰用材等。

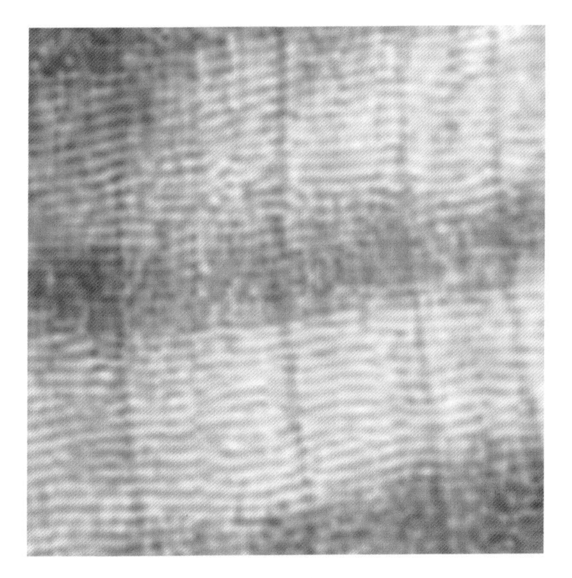

图4-25 涟漪纹

（25）涟漪纹

［特征］0.5厘米间隔的条纹模样，具有绢丝一样的光泽，十分微细的条纹图案（图4-25）。

［树种］七叶树（*Aesculus chinensis*）、黑柿（*Diospyros nitida*）。

［用途］工艺品原材料或特殊装饰用材等。

4.3 非木材组织类花纹

（1）沼泽纹[16]

［特征］木材埋于土中几千年，常常在沼泽地带发现。此种木材表面呈菜汁状态、色黑或褐色（图4-26），非常坚硬。

［树种］阴沉木。

［用途］工艺品或室内装饰用材等。

图4-26　沼泽纹

（2）斑纹[16]

［特征］木材由于虫害、冲击、障碍等形成的纹理图案（图4-27）。

［树种］桦木（*Betula* spp.）、杨木（*Populus* spp.）

［用途］装饰单板等。

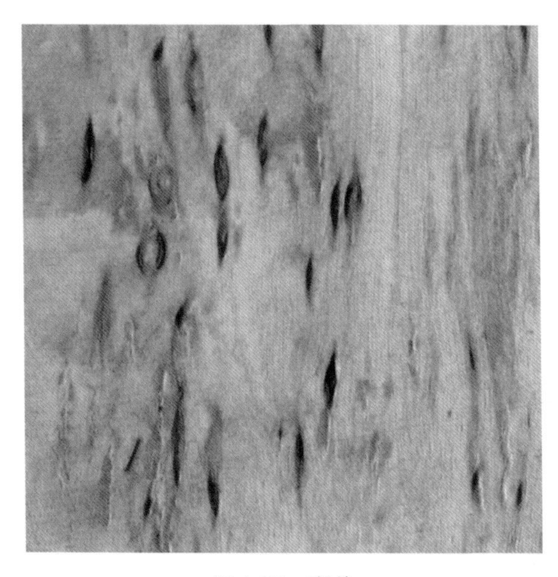

图4-27　斑纹

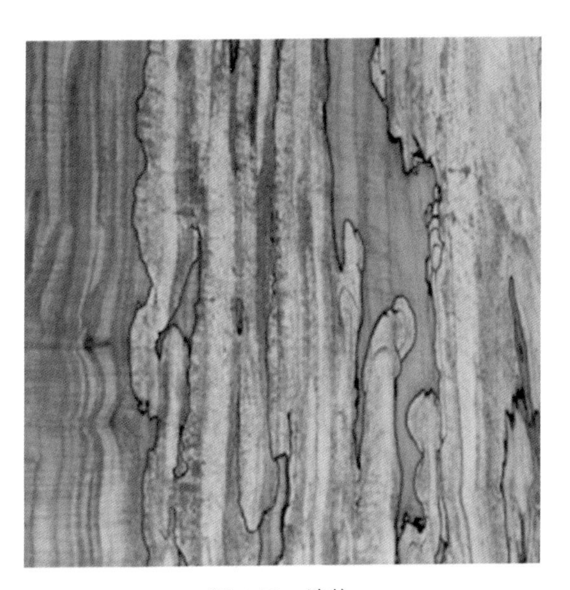

图4-28　渍纹

（3）渍纹[J6]

［特征］由于树木龟裂等雨水渗入其中，霉菌或细菌繁殖产生的黑色筋状图案形成的独特、美丽花纹（图4-28）。一般，碎裂的槭木形成的渍纹具有非常独特的图案，被视为珍品。

［树种］碎裂的槭木（*Acer* spp.）。

［用途］特殊木艺品原材料、特殊装饰板材等。

图4-29　菌纹

（4）菌纹

［特征］在特定温湿度条件下的户外，在材面由于菌类引起的许多不规则的条纹或斑块类图案（图4-29）。

［树种］室外用木材。

［用途］特殊木艺品原材料、特殊装饰板材等。

（5）炭化纹

[特征] 经过炭化处理的木材表面形成有色差的纹理图案（图4-30）。

[树种] 杉木（*Cunninghamia* spp.）等。

[用途] 装饰单板、家具用材等。

图4-30 炭化纹

4.4 木材花纹鉴赏

本节列举了不同树种木材出现的千姿百态的花纹，这些花纹中有些主体图案比较单一，如4.3节一样可称为单一花纹。有些则是几种单一花纹复合而成的图案，称复合花纹。

（1）水曲柳（*Fraxinus mandshurica*）

[特征] 水曲柳木材在旋切时会有时呈现出类似花生壳的花纹，所以板面带有花生形状的花纹，纹理直或呈现不规则至交错（图4-31 ~ 图4-35）。

[产地] 亚洲北部（中国、韩国、日本和俄罗斯）。

[用途] 单板、乐器（鼓和吉他）、高级实木家具、镶嵌细工以及其他特殊木制工艺品。

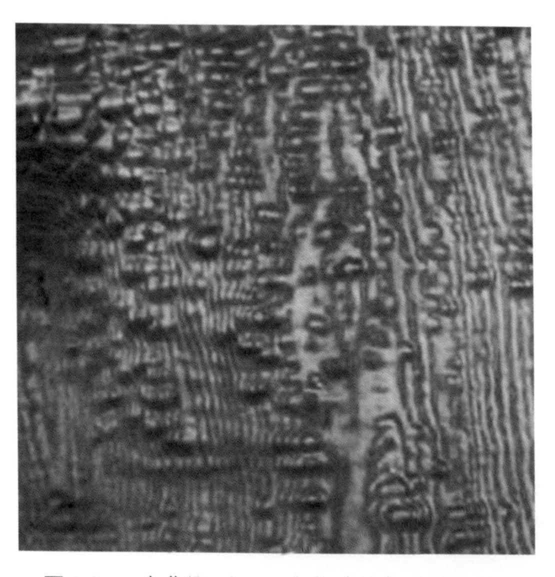

图4-31 水曲柳Ⅰ（重要文物建筑物的装饰板）

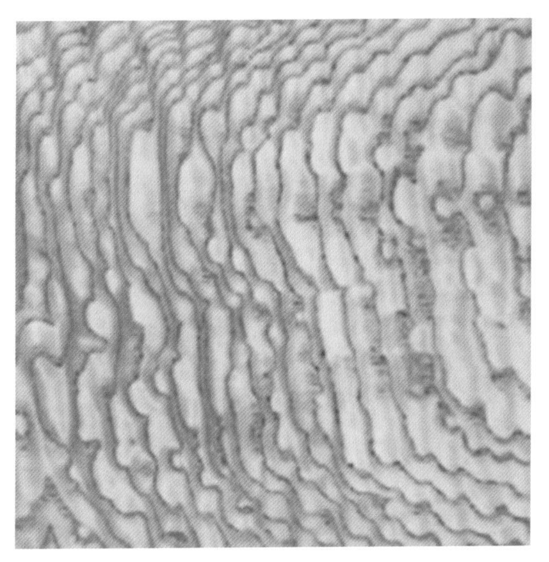

图4-32　水曲柳II（重要文物建筑物的装饰板）

图4-33　水曲柳III（素板）

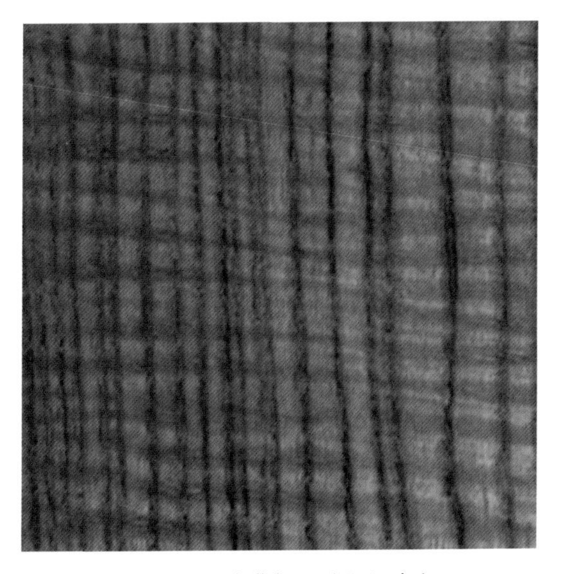

图4-34　水曲柳IV（阴沉木）

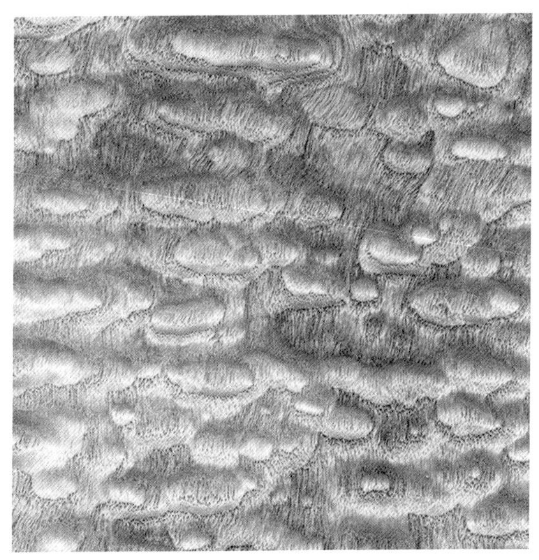

图4-35　水曲柳V（素板）

（2）糖槭（*Acer saccharum*）

［特征］糖槭是"鸟眼"槭木最具代表的树种，归属为硬槭木。"鸟眼"槭木不限于一个独特的树种，而是偶尔在槭树中发现的一种鸟眼花纹木材（图4-36、图4-37）。这类花纹的木材具有极高的装饰性，工艺价值极高。

［产地］北美洲东北部。

［用途］高档地板、高级实木家具、细木工的主要选料，也是高档室内装饰用墙壁板、刨切薄木和胶合板的优良用材，还是乐器、体育器材、纺织器材的特选用材。

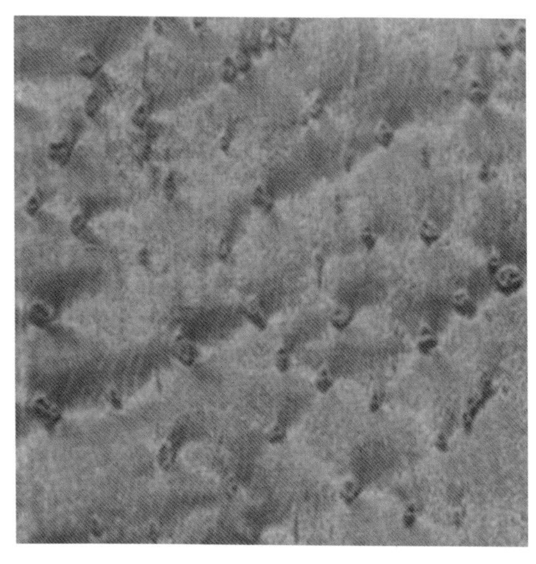

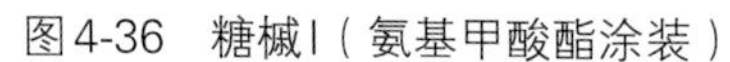
图4-36　糖槭I（氨基甲酸酯涂装）

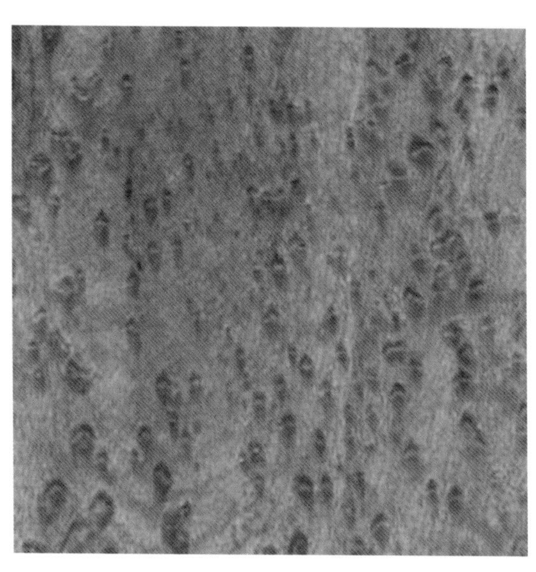

图4-37　糖槭II（油漆）

（3）欧亚枫（*Acer pseudoplatanus*）

［特征］欧亚枫纹理通常为直纹理，但有时会呈现波状纹理，自然光泽度高（图4-38、图4-39）。英文名称为Sycamore maple，在欧洲通常简单的叫做Sycamore，字面为“梧桐”的意思，实际上是一种槭树（*Acer* spp.），而不是梧桐（*Platanus* spp.）。

［产地］欧洲和亚洲西南部。

［用途］单板、纸（纸浆）、箱、板条箱、托盘、乐器、转动物体和其他小特殊木制品。

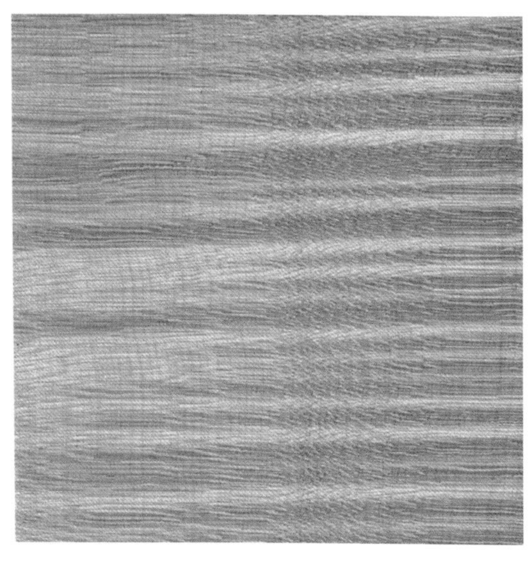

图4-38　欧亚枫 I

图4-39　欧亚枫 II

（4）槭木（*Acer* spp.）

一些其他槭木花纹鉴赏及应用如图4-40 ~ 图45所示。

［特征］槭属树种有约160种，槭木的的花纹种类十分丰富，包括波纹、泡纹、树瘤和鸟眼等。除纹理的变化外，槭木中还存在一些更特殊的异常现象，会产生不同的颜色或图案的花纹，例如虫道、朽纹和真菌变色。

［产地］主要分布在北半球的温带地区。

［用途］适用于棒球棒、保龄球瓶、乐器和硬木地板等。

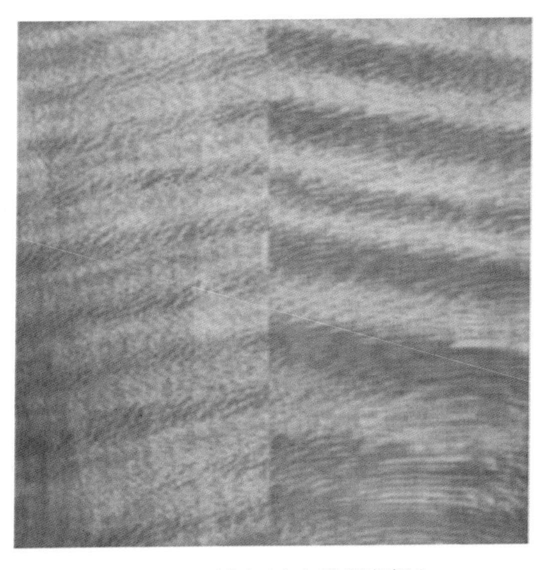

图4-40　槭木Ⅰ（小提琴背板）

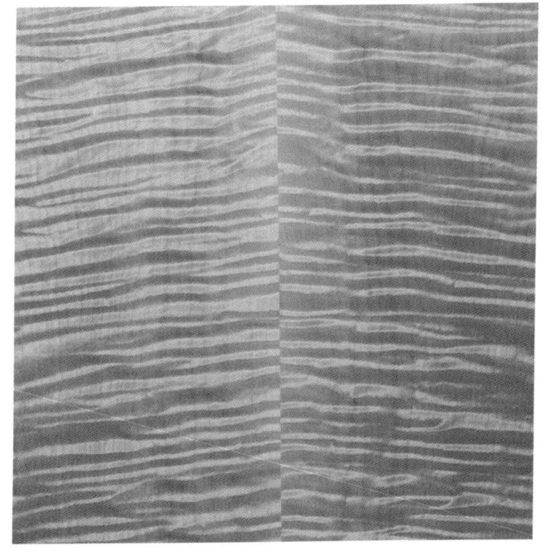

图4-41　槭木Ⅱ（吉他背板）

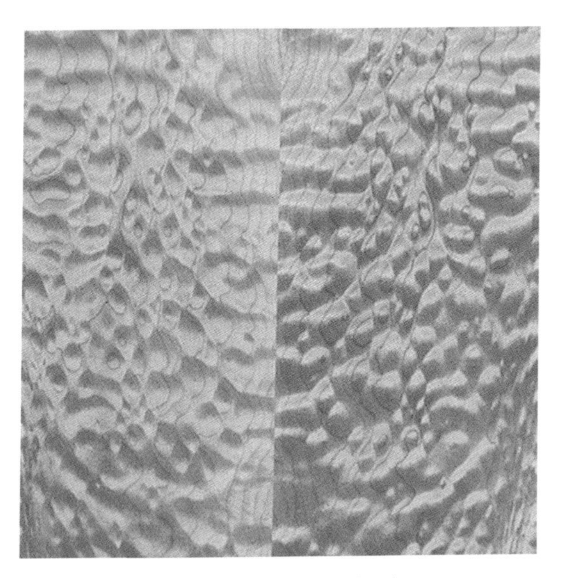

图4-42　槭木Ⅲ（吉他背板）

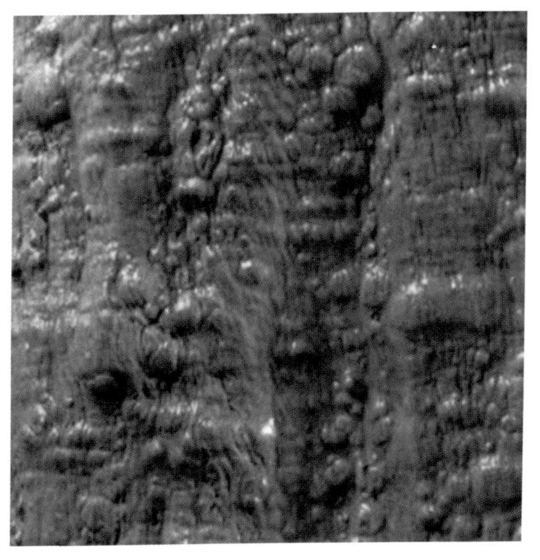

图4-43　槭木Ⅳ（树皮下小瘤）

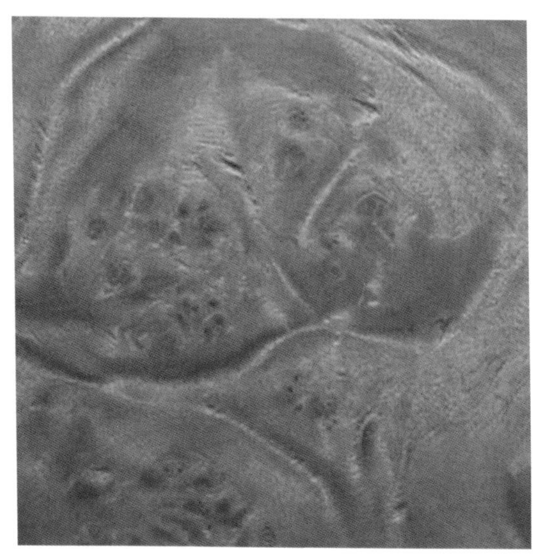

图4-44 槭木Ⅴ

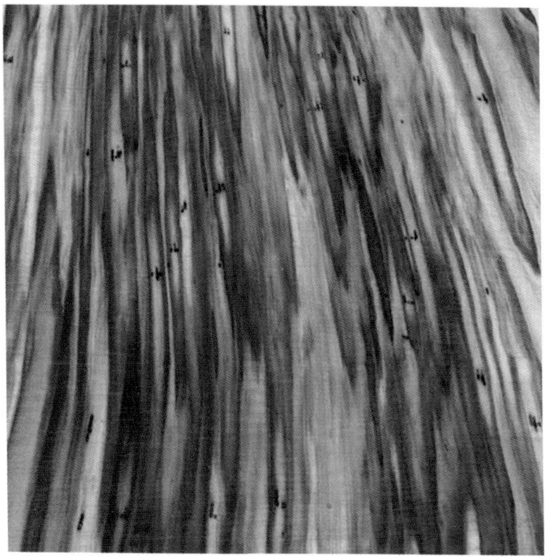

图4-45 槭木Ⅵ

（5）榉木（*Zelkova serrata*）

［特征］木材硬度大。材色鲜艳，弦切面上花纹漂亮（图4-46～图4-49）。切削较困难但切面光滑。

［产地］我国东部，以及日本、韩国。

［用途］家具、地板、造船、建筑等用材。

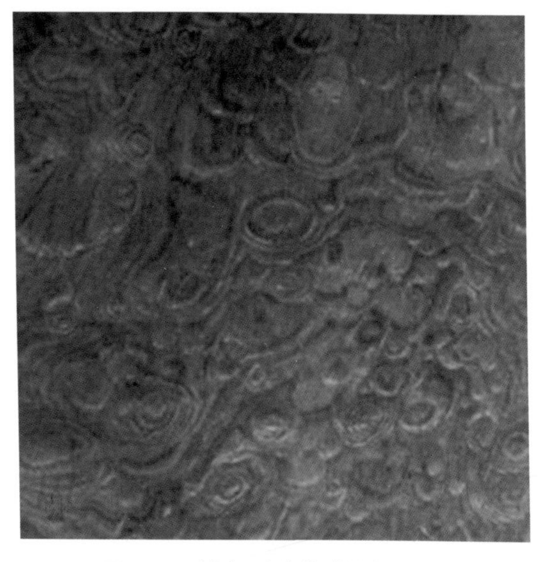

图4-46 榉木Ⅰ（文物建筑物门扉）

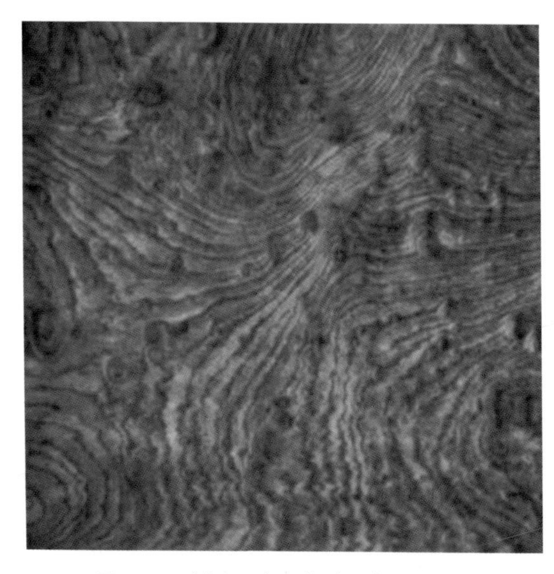

图4-47 榉木Ⅱ（文物建筑物装饰板）

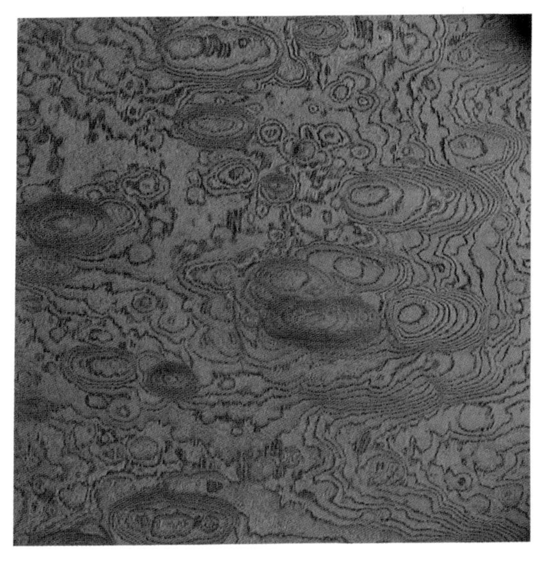

图4-48　榉木III（阴沉木）

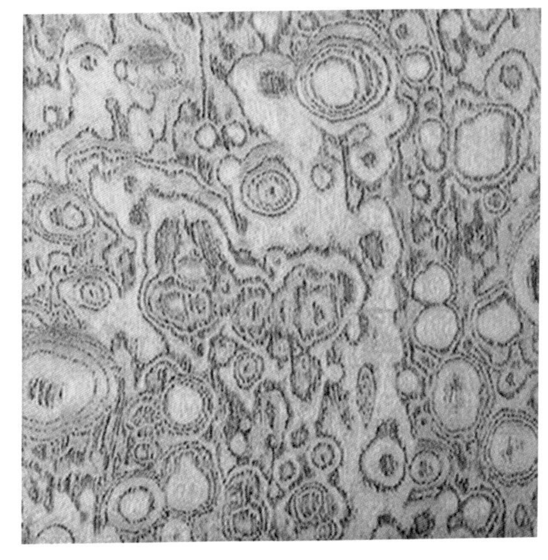

图4-49　榉木IV

（6）日本七叶树（*Aesculus turbinata*）

[特征] 木材纹理通直，有时呈现波状纹理（图4-50～图4-52）。木材树瘤有特殊花纹（图4-53）。

[产地] 亚洲、欧洲和北美洲。

[用途] 造纸、雕刻、制作家具及工艺品等。

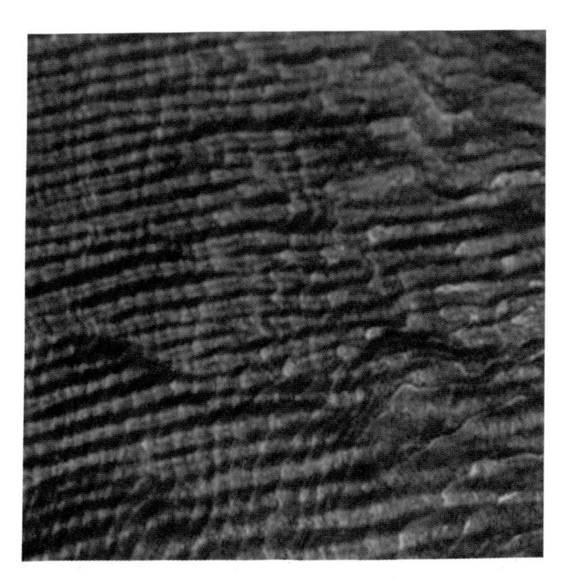

图4-50　日本七叶树I（漆面）

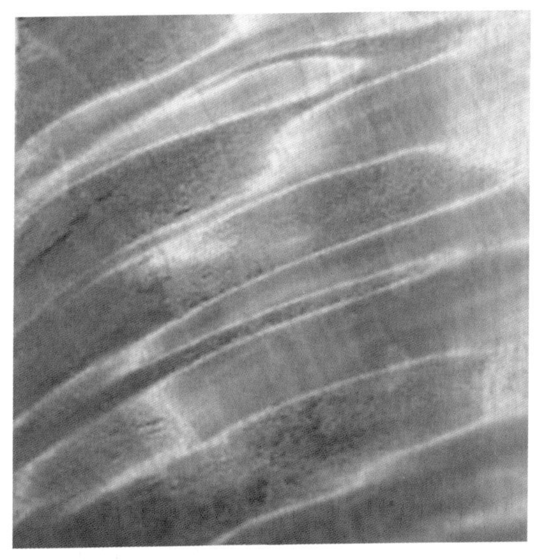

图4-51　日本七叶树II（漆面）

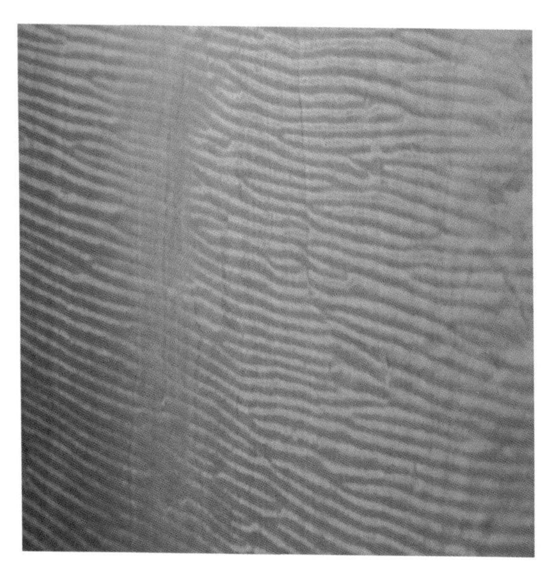

图4-52　日本七叶树Ⅲ

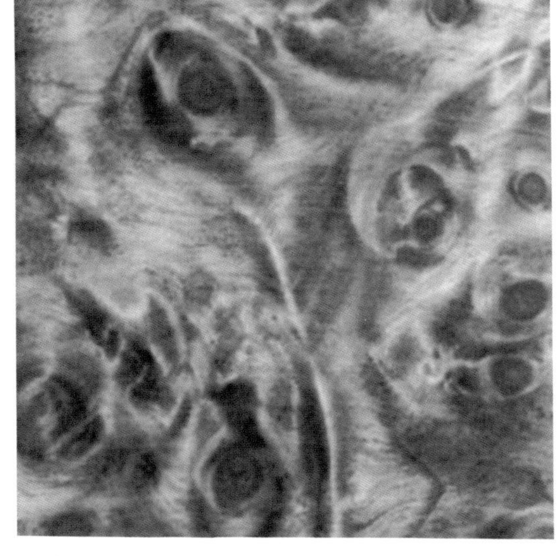

图4-53　七叶树Ⅳ（瘤）

（7）日本扁柏（*Chamaecyparis obtusa*）

［特征］日本传统建造用材。木材具有柠檬清香，其树瘤有特殊花纹（图4-54、图4-55）。木材防腐性能优良。

［产地］分布于我国广州、青岛、南京等地，以及日本。

［用途］常用作建造宫殿、庙宇、神殿、传统剧院、浴室、乒乓球拍等。

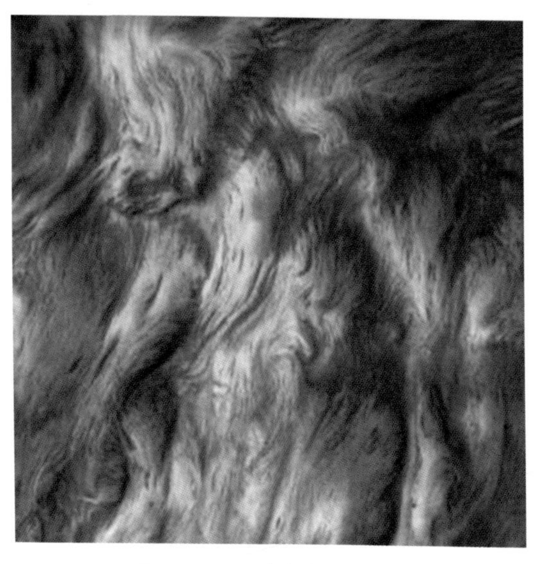

图4-54　日本扁柏Ⅰ（瘤）

图4-55　日本扁柏Ⅱ

（8）北美红杉（*Sequoia semper-virens*）

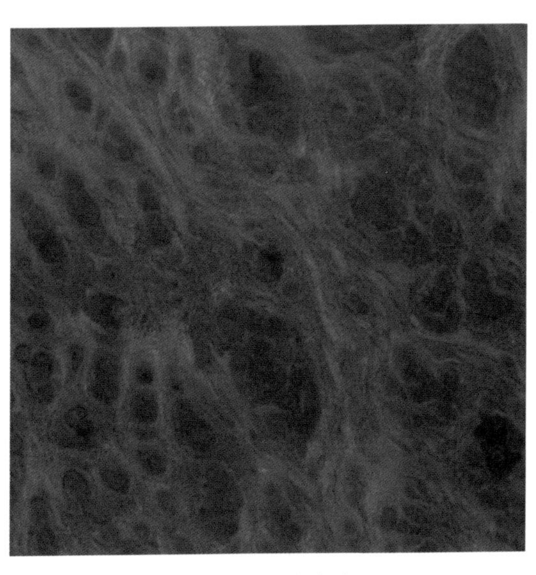

图4-56 北美红杉

［特征］木材通常为直纹理，特殊时有波纹或瘤纹（图4-56）。肌理粗，自然光泽度低。此树种能生长到400尺*的高度，是世界上最高的树种。巨杉木木材质软且轻，有很好的重量强度比，而且稳定性非常高，收缩性小。

［产地］美国沿海西北部（从俄勒冈州西南部到加利福尼亚州中部）。

［用途］单板、建筑木材、横梁、柱子、甲板、室外家具和装饰。其中具有瘤纹和其他类型花纹的北美红杉也被用于木旋、乐器和其他小的特殊木制品。

（9）高棉黑柿（*Diospyros mala-barica*）

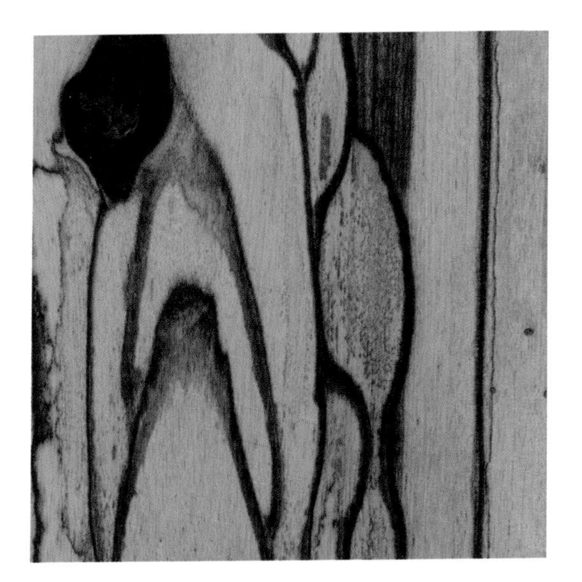

图4-57 高棉黑柿

［特征］木材心材是淡黄色，板面有黑色条形纹理穿过，有部分会被黑色纹理占据板面。边材呈淡白色，比较难识别区分（图4-57）。木材材质好，纹理直而且独特，天然光泽好。

［产地］原产于老挝和东南亚。

［用途］木旋，镶嵌装饰，和其他小的木质品。

* 1尺约等于33.3厘米，下同。

（10）黄波罗（*Phellodendron amurense*）

［特征］环孔材。心材黄褐色、边材黄白色。年轮清晰、木材肌理粗狂。纹理构成特殊花纹（图4-58）。

［产地］中国、日本和韩国。

［用途］可作建筑、家具、器具、土木、旋作用材，树皮亦可用药。

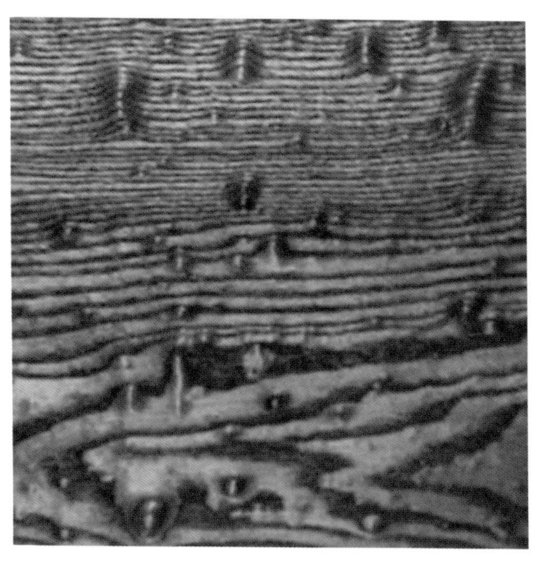

图4-58　黄波罗

（11）黑松（*Pinus thunbergii*）

［特征］木材富树脂，较坚韧，结构较细，纹理直平切的木纹常呈扭曲状（图4-59），耐久用。

［产地］原产于日本和韩国。

［用途］可作建筑、矿柱、器具、板料及薪炭等用材，亦可提取树脂。

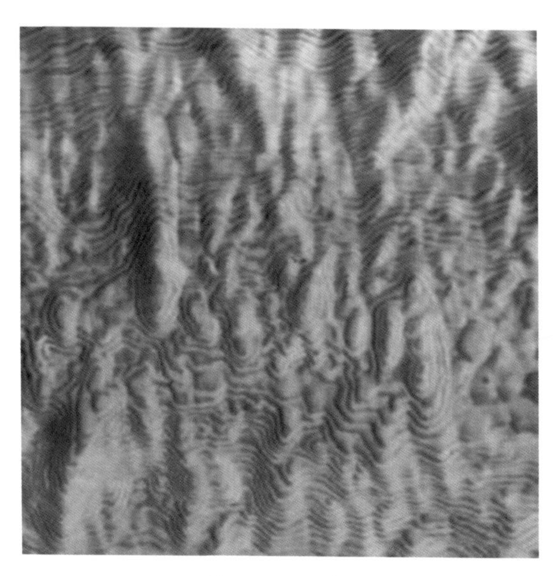

图4-59　黑松

（12）日本柳杉（*Cryptomeria japonica*）

[特征] 木材纹理通直，肌理均匀（图4-60、图4-61）。温和的自然光泽。木材质软且轻，耐腐蚀。

[产地] 日本特有树种，通常生长在亚洲的种植园里。

[用途] 壁板、镶板、家具、栅栏、船楼和小型工艺制品等。

图4-60 日本柳杉 I

图4-61 日本柳杉 II

（13）圆齿水青冈（*Fagus crenata*）

[特征] 木材直纹理或斜纹理（图4-62、图4-63），结构中且均匀，材质重且硬。木材径切面呈现银色斑纹，自然光泽度一般。

[产地] 日本。

[用途] 室内器件、装饰品、工具柄和货柜等。

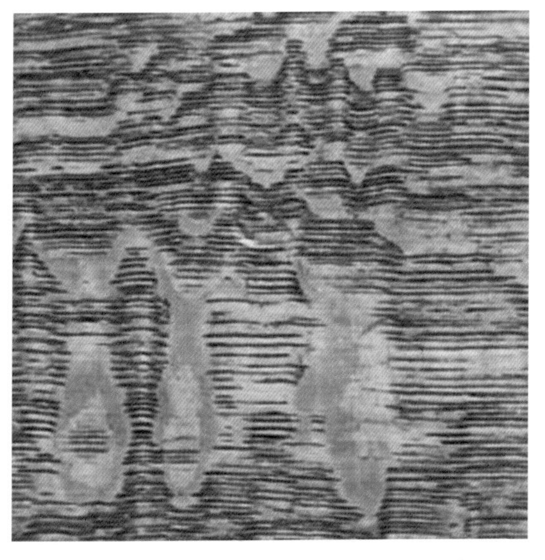

图4-62 虎斑纹—圆齿水青冈 I（锯断面差异）

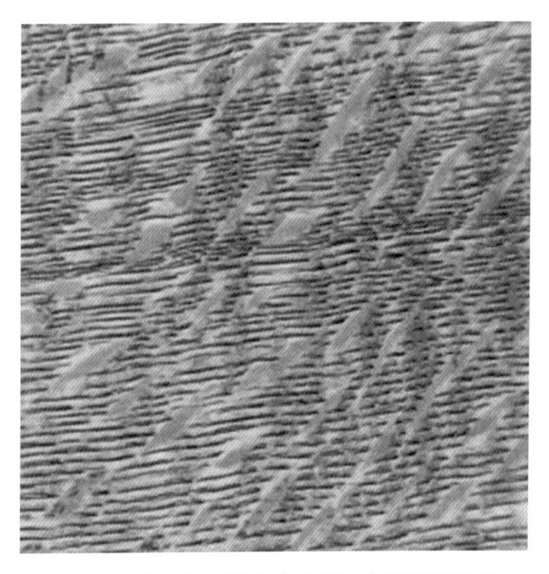

图4-63 虎斑纹—圆齿水青冈 II（锯断面差异）

（14）美国白栎（*Quercus alba*）

［特征］木材纹理直，肌理粗糙不平整。径切面呈现出明显的木射线斑纹（图4-64～图4-67）。

［产地］美国东部。

［用途］橱柜、家具、内饰、地板、造船、桶和单板等。

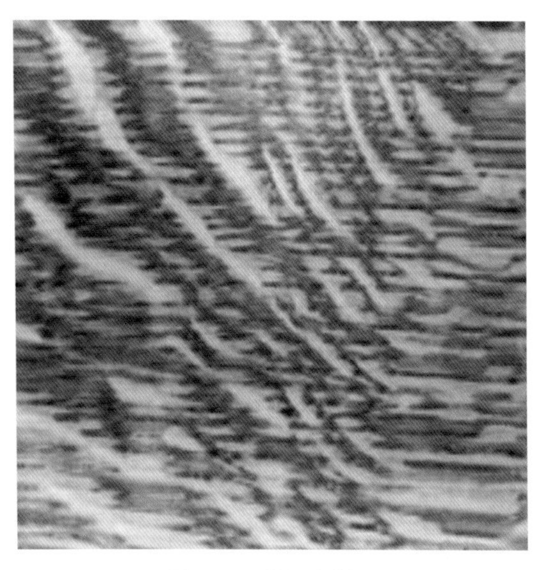

图4-64 美国白栎Ⅰ

图4-65 美国白栎Ⅱ（漆面）

图4-66 美国白栎Ⅲ

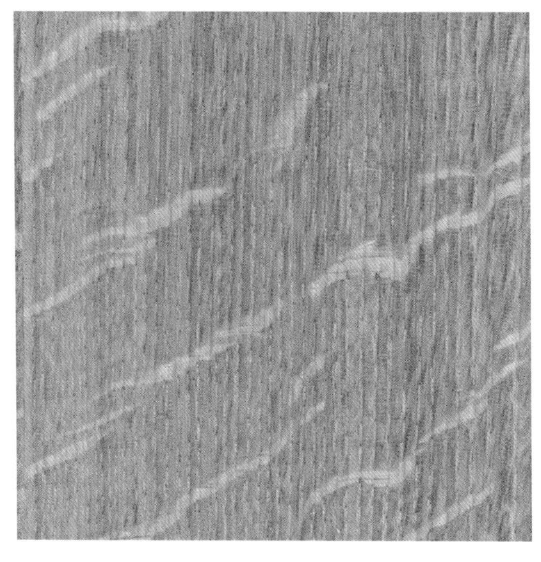

图4-67 美国白栎Ⅳ

（15）一球悬铃木（*Platanus occidentalis*）

［特征］木材锯切表面呈现出明显的木射线斑点，形成斑纹，有时也称其为“蕾丝木（Lacewood）”。木材具较大的射线于锯切面上，产生与蕾丝木相似的花纹，有时亦以蕾丝木之名义出售。肌理均匀，与槭木类似。木材具有交错纹理（图4-68）。

［产地］原产于美国东部。

［用途］单板、胶合板、内部装饰、托盘、板条箱、地板、家具、刨花板、纸（纸浆）、工具手柄和其他易翻转的物体等。

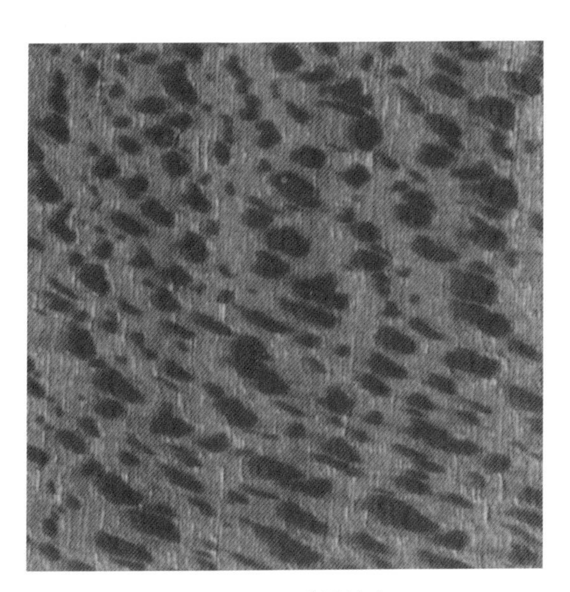

图4-68　一球悬铃木

（16）三球悬铃木（*Platanus orientalis*）

［特征］木材与美国产的悬铃木属同一属，木材锯切面上产生似虎斑的花纹（图4-69）。当木材取材时应注意干燥时易产生翘曲，除此之外其强度佳，加工性能良好。

［产地］原产于欧洲东南部及亚洲西部。

［用途］单板、胶合板、内部装饰、托盘、板条箱、地板、家具、雕刻品和其他小型特种木制品等。

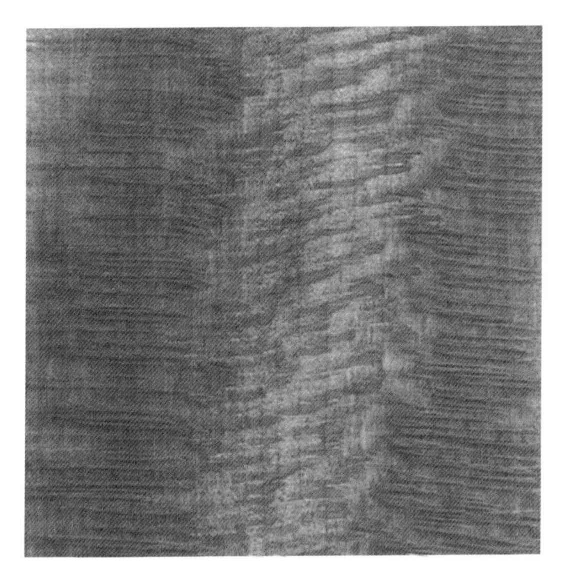

图4-69　三球悬铃木

（17）北银桦（*Cardwellia sublimis*）

[**特征**] 木材在欧洲被称为Northern silky oak，为属山龙眼科之木材，其木材中木射线通常较宽。于弦切面上会出现如图花纹，又称蕾丝纹（图4-70）。

[**产地**] 澳大利亚。

[**用途**] 单板、橱柜、家具、乐器琴体薄贴面和工艺品等。

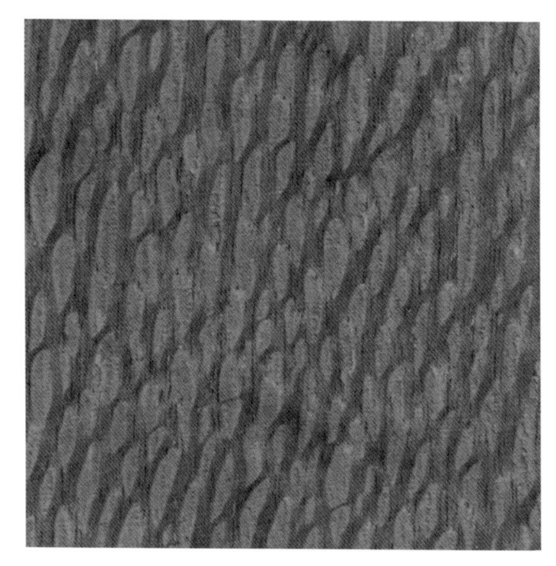

图4-70 北银桦

（18）猴子果（*Tieghemella heckelii*）

[**特征**] 别称红樱桃。木材纹理直，部分具有交错纹理，肌理细且均匀，自然光泽度好（图4-71、图4-72）。木材中常会出现斑纹或波纹两种花纹类型。

[**产地**] 非洲西部和中部（从塞拉利昂到加蓬）。

[**用途**] 建筑材料、地板、家具、细木工制品、精密仪器、室内装修、雕刻工艺品、玩具等。

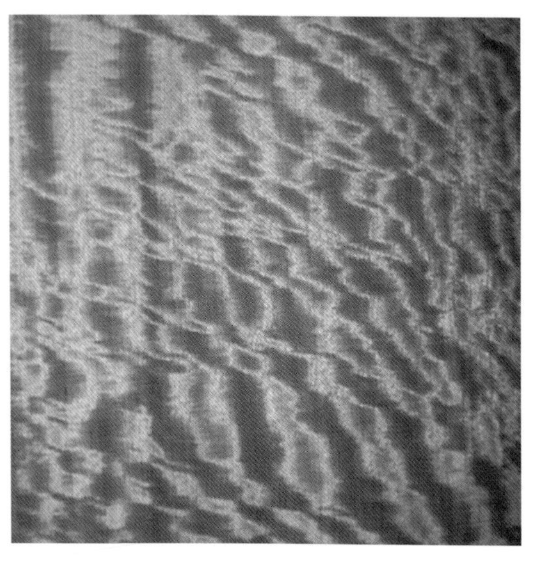

图4-71 猴子果 I

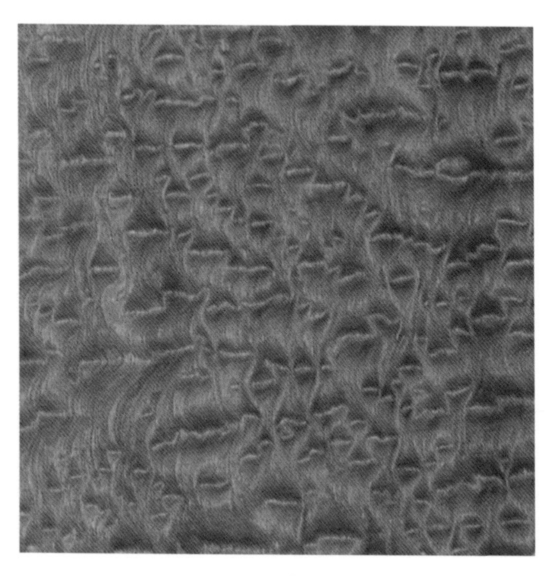

图4-72 猴子果 II

（19）降香黄檀（*Dalbergia odorifera*）

［特征］木材肌理细，纹理为斜纹理或交错纹理（图4-73）。木材花纹变幻多样，如斑纹和鬼脸花纹等。

［产地］原产于我国海南中部和南部。

［用途］高级实木家具等。

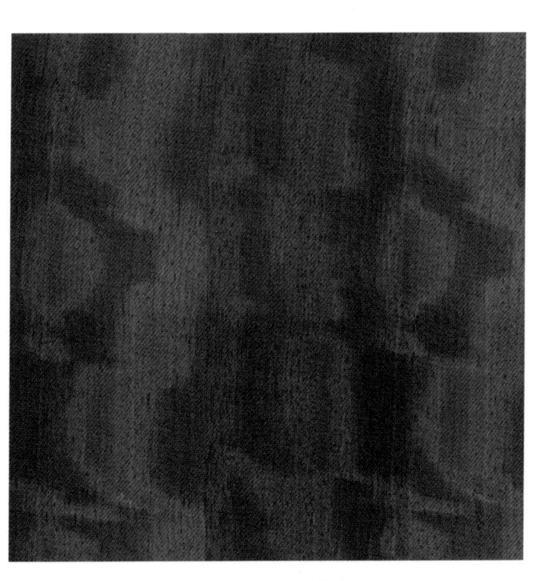

图4-73 降香黄檀

（20）印度紫檀（*Pterocarpus indicus*）

［特征］木材心材颜色非常广，从金黄色到红棕色，边材黄白色，和心材区分明显。木材径切面会呈现出带状花纹，偶尔可见斑纹、蜂翅状或波状纹理（图4-74）。印度紫檀树瘤有很好的团聚瘤。纹理通常是交错的，有时波浪形，材质中到粗糙，天然光泽好。

［产地］东南亚。

［用途］建筑材料、地板、家具、细木工制品、精密仪器、室内装修、雕刻工艺品、玩具等。

图4-74 印度紫檀

（21）古夷苏木（*Guibourtia* spp.）

［特征］木材有多种多样的花纹，例如：泡纹、火焰纹、涡纹、波纹等。但纹理通常是直纹、不规则，质地均匀，板面有温和的自然光泽度（图4-75～图4-78）。

［产地］原产于非洲赤道地区。

［用途］单板、镶嵌装饰、高级实木家具、橱柜、木旋制品等。由于古夷苏木可以实现大的成材，天然的大幅面木板也被用于桌面和其他制作项目中。

图4-75　古夷苏木Ⅰ

图4-76　古夷苏木Ⅱ

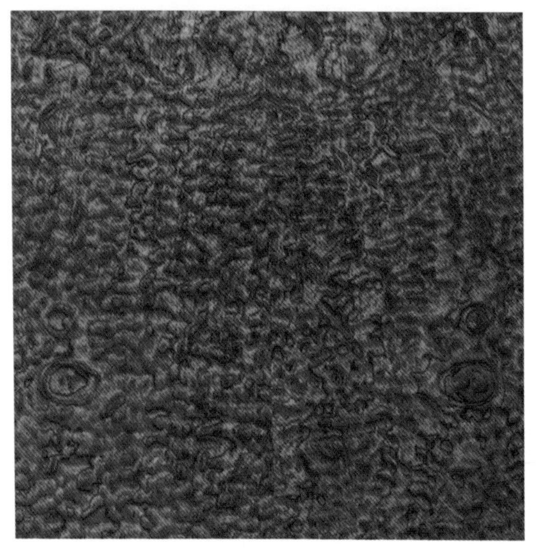

图4-77　古夷苏木Ⅲ（吉他背板）

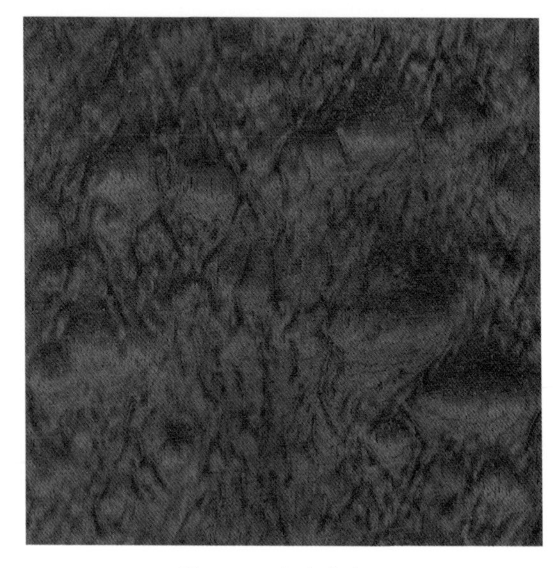

图4-78　古夷苏木Ⅳ

（22）良木豆木（*Amburana* spp.）

［特征］木材又称南美黄鸡翅，属于散孔材，心材黄色，边材灰白色，心边材界限不明，生长年轮不明显，但切面可见（图4-79、图4-80）。

［产地］南美洲，常见于玻利维亚、巴西。

［用途］单板、镶嵌装饰、高级实木家具、橱柜、木旋制品等。

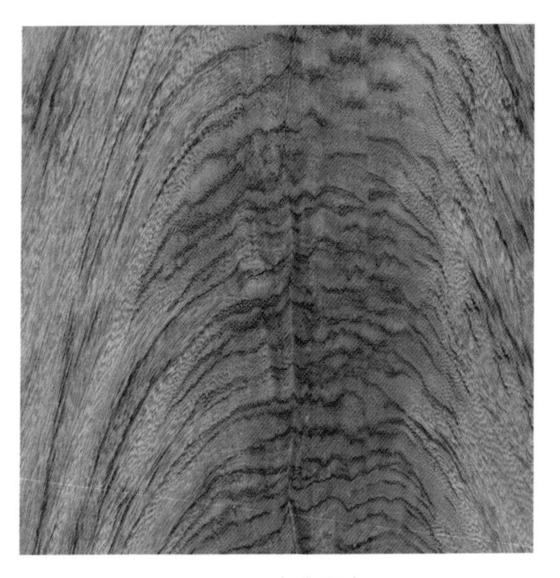

图4-79　良木豆木Ⅰ

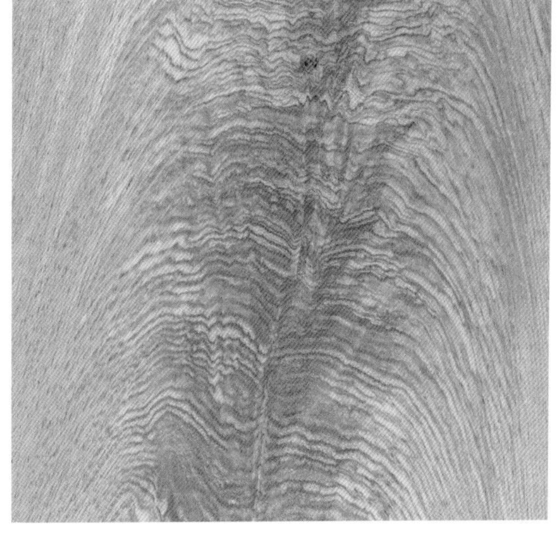

图4-80　良木豆木Ⅱ

（23）桃花心木（*Swietenia* spp.）

［特征］木材的心材通常为浅红褐色，径切面具有美丽的特征性条状花纹，形态宛如粉红色的桃花，故而得名。桃花心木的花纹清晰，并随着树枝分叉后转变为螺旋花样式纹路（图4-81、图4-82）。

［产地］桃花心木属有7~8种。原产于中美洲、南美洲热带和亚热带地区以及非洲西部等。常见商品材树种有大叶桃花心木（*Swietenia macrophylla*）、桃花心木（*Swietenia mahagoni*）。

［用途］木材主要用于制作高档欧式家具、高级细木工板、船体、地板、单板、乐器、模具、体育器材、精密仪器箱盒、人造板、装饰物、玩具、车旋制品等。

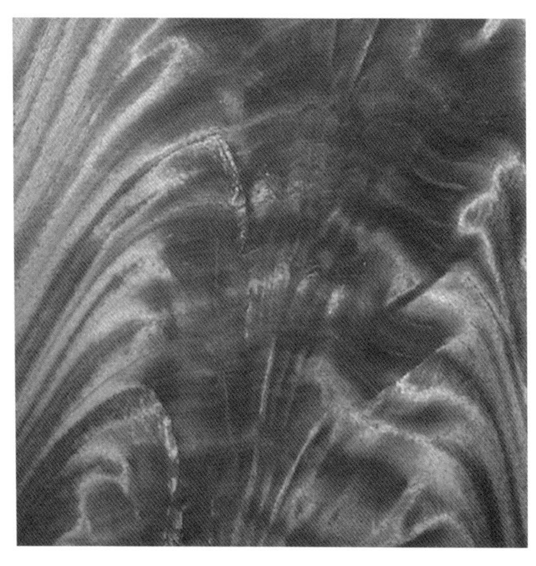

图4-81　桃花心木Ⅰ

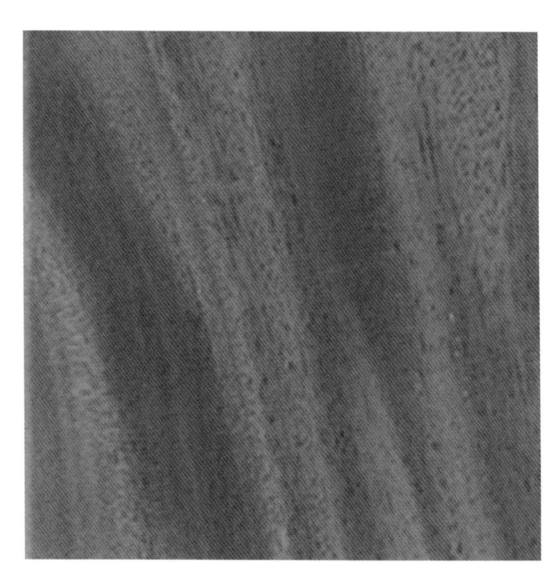

图4-82　桃花心木Ⅱ

（24）象蜡树（*Fraxinus platypoda*）

［**特征**］木质坚硬且富有弹性，心材木纹呈浅棕色到深棕色过渡，边材呈现淡雅的奶白色至浅黄色。木材年轮清晰，木纹美丽，伴有波纹和山纹（图4-83、图4-84），纹理平直，加工性能良好。

［**产地**］中国、日本。

［**用途**］适用于家具、建筑装饰（内饰材料、门框）、地板材料、配件。

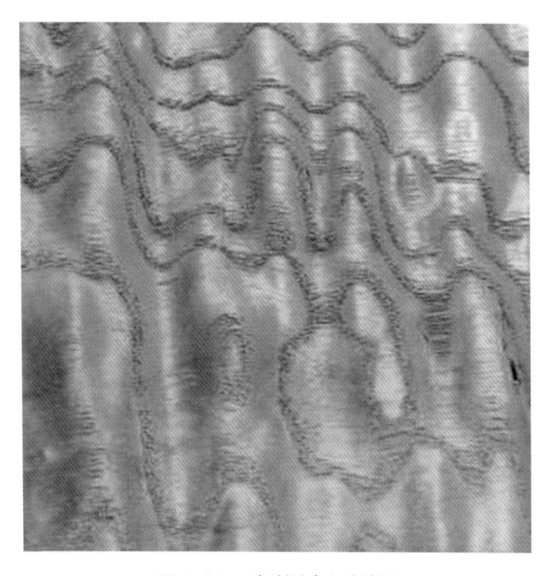

图4-83　象蜡树（素板）

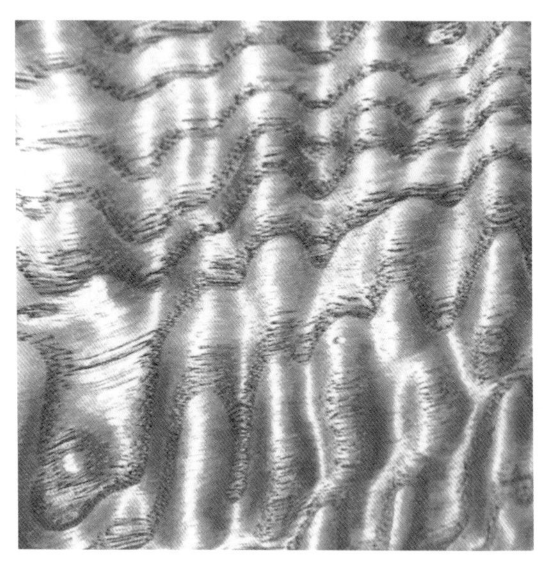

图4-84　象蜡树（漆面）

(25) 非洲紫檀 (*Pterocarpus soyauxii*)

[特征] 木材通常是直纹理，有时会呈现交错纹理(图4-85)。木材肌理粗糙，但又好的天然光泽。非洲紫檀有一种独特的橙红色，但这种颜色会无可避免地会变成深红棕色。此树材的密度和硬度属于中等，具有优越的稳定性，得益于它独特的颜色和低成本，是木工们最喜爱的木材之一。

[产地] 产于非洲中部和西部。

[用途] 单板、地板、木旋、乐器、家具、工具把手和其他小的特殊木制品等。

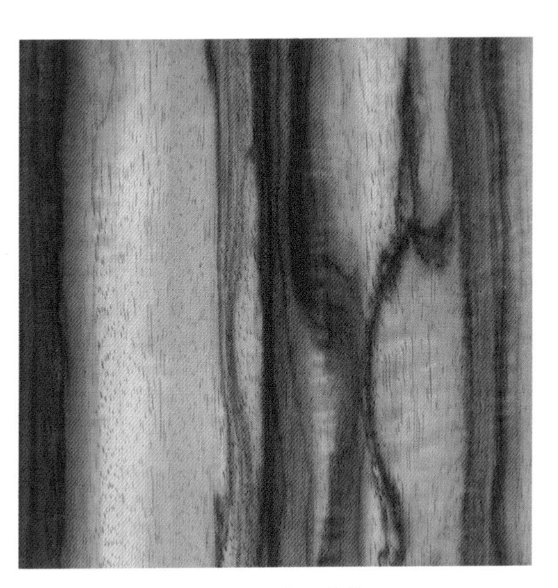

图4-85 非洲紫檀

(26) 甘巴豆 (*Koompassia malaccensis*)

[特征] 木材具有中到粗的疏松肌理。纹理一般为交错纹理，有时为波状纹理(图4-86)。木材中脆性条纹组织可能影响木材的力学性能。

[产地] 马来西亚和印度尼西亚。

[用途] 主要作为地板材料，此外还用于重型建筑、铁路交叉线、胶合板和托盘等。

图4-86 甘巴豆

（27）桢楠（*Phoebe zhennan*）

［特征］心材颜色普遍都是浅黄色，随着时间的推移，木材颜色会加深至金黄色，纹理通常是直纹理和交错纹理，变幻万千，材质均匀，自然光泽度高（图4-87）。木材新切面为黄褐色带浅绿色，在阳光下会折射出丝丝金光，就是所谓的“金丝”。

［产地］我国四川、贵州和湖北。

［用途］古代建筑用材、高级实木家具等。

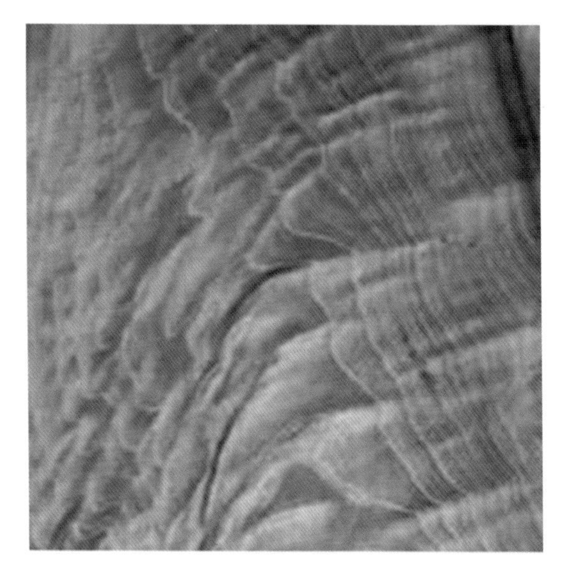

图4-87 桢楠

（28）常春藤（*Hedera nepalensis*）

［特征］常绿攀援灌木。材质柔软，常作漆饰，横切面呈现髓心木射线，纹理越清晰，越稀有（图4-88）。

［产地］原产于欧洲、亚洲和非洲北部我国分布在华中、华东、西南地区以及甘肃和陕西。

［用途］茶器、托盘和珍贵木艺品等。

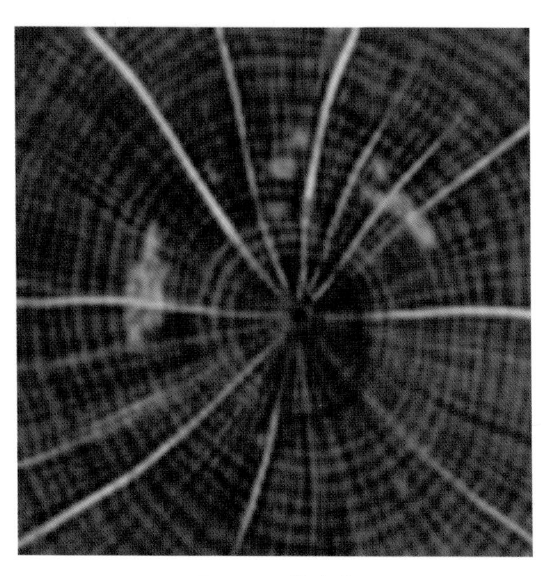

图4-88 常春藤

图4-89 小鞋木豆

（29）小鞋木豆（*Microberlinia brazzavillensis*）

[**特征**] 木材具有微弱的光泽，心边材区别明显，心材黄褐色，边材白色，具深浅相间带状宽条纹，十分独特（图4-89）。木材纹理斜至略交错，肌理略粗但均匀。

[**产地**] 产于非洲西部的豆科小鞋木豆属的大乔木。

[**用途**] 主要适用于装饰板中的平切单板、实木地板，此树种的韧性相当大，可作工具柄及滑雪板等。

图4-90 黑柿

（30）黑柿（*Diospyros nitida*）

[**特征**] 木材灰黑色，质硬而重，结构细致，颇耐腐。木材中间成黑色伴有花纹，靠进树皮处成黄色。越黑越少见，全黑的称熘黑，成小圆圈且发绿的称孔雀花纹（图4-90）。

[**产地**] 我国广东、海南西南部，以及越南、菲律宾、日本。

[**用途**] 可作围棋棋笥、建筑、机械器具和家具等用材。

（31）柚木（*Tectona grandis*）

[**特征**] 木材心材金色或棕色，随树龄增加颜色会变深。木材纹理为直纹理，有时呈现波状纹理或交错纹理（图4-91）。木材肌理粗糙，带有少量天然光泽。原材和半成品的表面会有一层薄油，摸上去有油腻感。

[**产地**] 原产于南亚；在非洲、亚洲和拉丁美洲的热带地区广泛种植。

[**用途**] 家具、室内装修、门窗及门窗框、护墙板、壁脚板、模型材、单板、胶合板、船板、纸浆及造纸等。

图4-91 柚木

（32）柳桉（*Shorea* spp.）

[**特征**] 木材具有光泽，无特殊气味和滋味。木材肌理粗且均匀。木材纹理交错，部分呈波状纹理（图4-92）。

[**产地**] 马来西亚、印度、印度尼西亚等东南亚地区。

[**用途**] 家具、室内装修、门窗及门窗框、护墙板、壁脚板、模型材、单板、胶合板、船板、纸浆及造纸等。

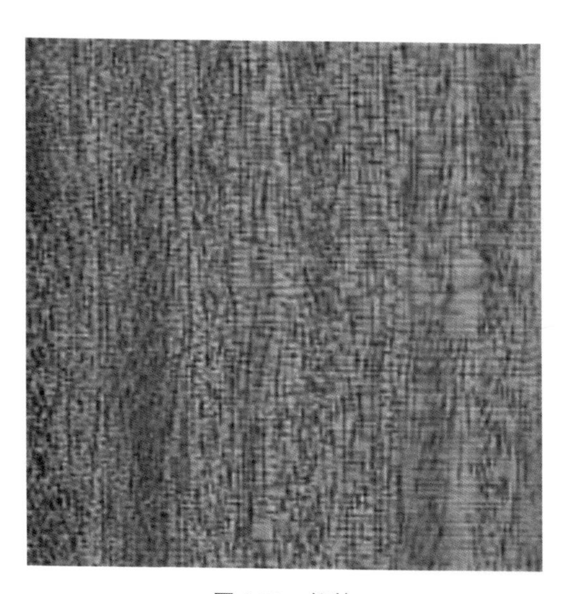

图4-92 柳桉

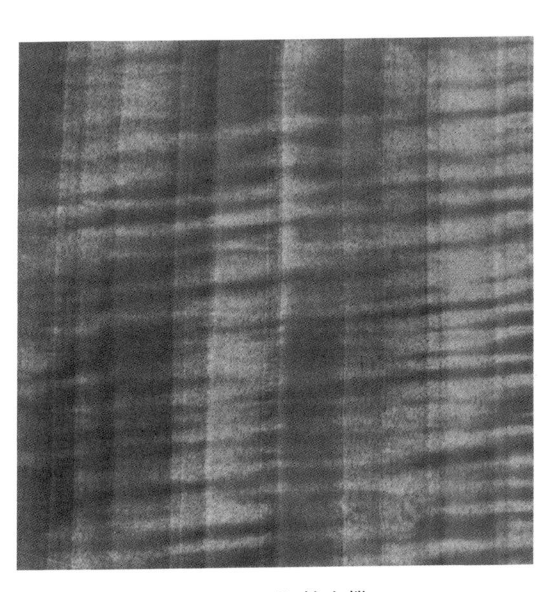

图4-93 阿林山榄

（33）阿林山榄（*Aningeria* spp.）

[特征] 木材颜色淡褐色。木材纹理大多通直，且常用于制作胶合板；若具波状木纹，则常制成装饰单板，极具使用价值（图4-93）。

[产地] 非洲。

[用途] 装饰单板等。

图4-94 刺楸

（34）刺楸（*Kalopanax septemlobus*）

[特征] 木材边材呈淡黄白色，心材淡灰褐色。木材纹理通直（图4-94）。环孔材，晚材管孔肉眼难辨识，放大镜下可见多数聚集成波状、斜线状为主要特征。薄壁细胞于晚材包围导管或纤维状管胞形成斜形或波状花纹。

[产地] 中国、日本、韩国。

[用途] 家具、胶合板等。

（35）萨米维腊木（*Bulnesia sarmientoi*）

[特征] 木材非常坚硬，厚重，带油脂，并且带有明显的棕橄榄色。木材纹理通常是直纹理，有时会呈现螺旋纹理或交错纹理（图4-95）。木材肌理均匀，自然光泽度高。近距离观看木材径切面，有羽毛状的纹理团。

[产地] 中美洲和南美洲北部。

[用途] 工艺品、家具、木旋制品等。

图4-95　萨米维腊木

（36）奥克榄（*Aucoumea klaineana*）

[特征] 木材心材淡粉色到淡褐色。颜色会随树龄变暗。木材纹理为直纹理，有时呈现波状纹理或交错纹理。木材具有良好的天然光泽度（图4-96）。

[产地] 非洲中部地区。

[用途] 单板、胶合板、造船、乐器、家具和室内木制品等。

图4-96　奥克榄

图4-97 糖棕

（37）糖棕（*Borassus flabellifer*）

[特征] 糖棕板面镶嵌着许多浅棕色和浅褐色的黑纤维，树干靠外部分十分密集，越靠近树心就比较稀疏，树心部分十分柔软，利于养分吸收，没有任何的黑纤维导管，这样使树木形状更加独特，材质更加坚硬，这是典型的外部边材和内部心材相结合的双叶子硬木。黑棕榈木皮质地细腻，中粗细黑纤维分布均匀，纹理直，没有结疤和缺陷（图4-97）。

[产地] 非洲和亚洲热带地区。

[用途] 地板、造船、手杖、工具把手、椽子、家具和木旋工艺品等。

（38）北美鹅掌楸（*Liriodendron tulipifera*）

[特征] 木材心材颜色是奶油色至黄棕色，灰色或绿色线条纹。边材是淡黄色至白色，心材与边材区分不明显。也能看到矿物线染色的颜色，由深紫色到深红色，绿色或者黄色，有时又被称为彩虹黄杨树。颜色会因树木受光后慢慢变暗。木材纹理通常是直纹，质地均匀，板面自然光泽度低（图4-98、图4-99）。

[产地] 美国东部。

[用途] 托盘、板条箱、软垫家具框架、纸（纸浆木材）和胶合板等。

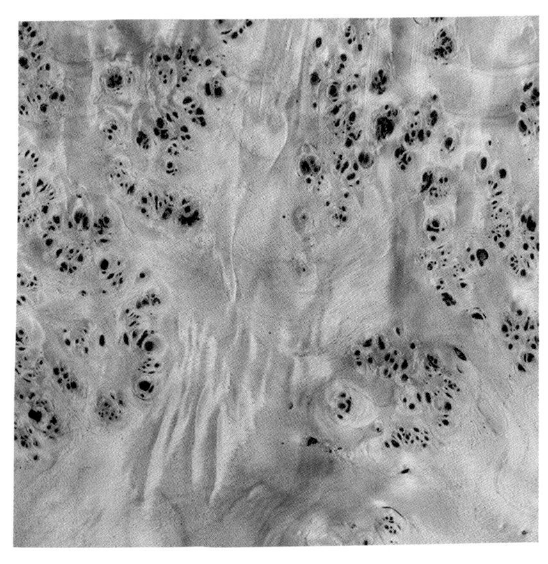
图4-98 北美鹅掌楸Ⅰ（瘤）

图4-99 北美鹅掌楸Ⅱ（双色山纹）

5

木材花纹表征

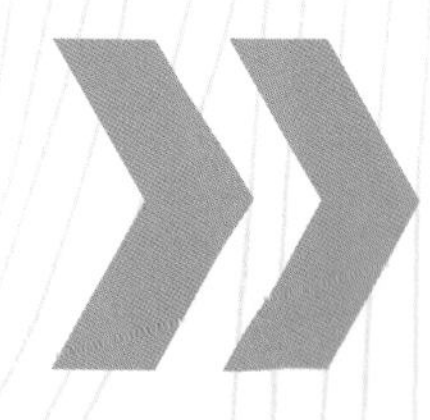

众所周知，木材花纹是树木在自然界环境生长中自然形成的，具有鲜明的自然属性。正是这种独特的自然属性铸就木材花纹个体的唯一性，以及群体的多样性特征。正因这样，木材花纹因其形态美和普世艺术价值而备受人们的青睐。一直以来，在木材花纹装饰室内环境和制作家具等领域的应用过程中，人们仅凭直觉或经验决定木材花纹的选择、评价。随着木材学学科研究的不断深入和进步，以及自然科学和人文科学的多学科交叉融合，派生出了诸如感觉特性、熵涨落、分形几何以及眼动跟踪等木材花纹定量的表征方法。这里，简明扼要地逐一分述如下。

5.1 感觉特性

自20世纪90年代，日本京都大学教授山田正[17]率先编写的《木質環境の科学》出版以来，引领人们开始关注人类感觉特性与木材或木质环境的物理化学性质两者之间存在的相互关系。在我国，赵广杰[18]首次将木质环境学核心内容概要作了介绍。其后，于海鹏等[19]从主观、客观以及心理生理学角度出发，分析了木质环境的物理因子与人的心理和生理之间关系，建立了模式表达及科学评价系统。

（1）视觉特性

木材花纹的构成因子中纹理形态、光泽、颜色与视觉特性密切相关。在木材纹理方面，如图5-1所示，武者利光[20]研究表明，人们之所以喜欢木材纹理构造是因为木材纹理构造的涨落谱和人体生理节律的涨落谱的存在形态一致。在木材颜色方面，增田稔[21]提出木材表面的纹理形态、光泽、颜色变化影响着人类的心理量参数。苗艳凤[22]基于感性工学理论对木材山峰花纹理视觉特性进行了研究，发现山峰花纹理的视觉物理量和心理量之间存在一一对应关系。

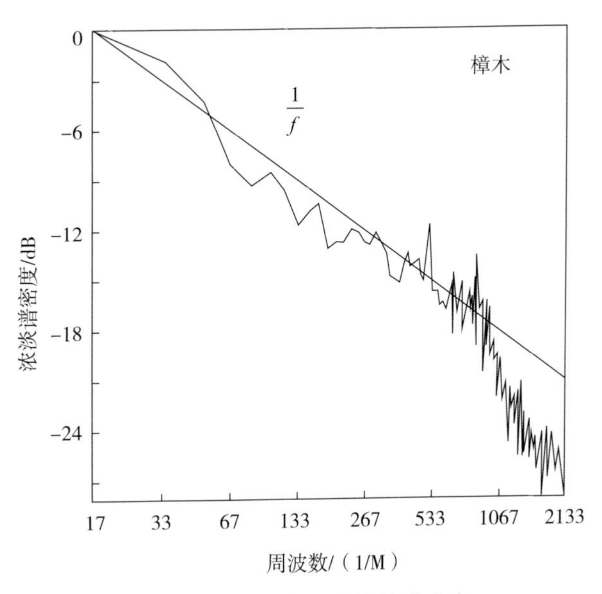

图5-1　樟木横断面的浓淡谱密度

（2）触觉特性

一般，木材花纹位于不同断面及其肌理状态左右着人们的触觉特性。如图5-2所示，在皮肤—木材界面的热行为取决于木材表面的构造或热特性。原田康裕等[23]探讨了与木材构造关联的热传导率、热扩散率同接触温冷感心理量的对应性。研究表明木材纤维方向的热传导率比垂直纤维方向大，因此，木材横断面比纵断面的接触温冷感因子偏冷一侧。佐道健等[24]研究了针叶树材与阔叶树材的粗糙度与触觉特性之间相关性。木材表面粗糙度越小其接触感觉越光滑。于海鹏[25]等探讨了人接触材料时的电生理学指标心率变异（Heart rate variability，HRV），及其材性因子与人体生理、心理变化之间的相互关系。结果表明，木材与石材、金属相比，对人体自主神经系统的影响较小，且不危及人体健康。Ikei等[26]研究发现用手掌或脚掌接触日本扁柏木可以使前额叶皮层活动平静，增加副交感神经活动，从而诱导生理放松。

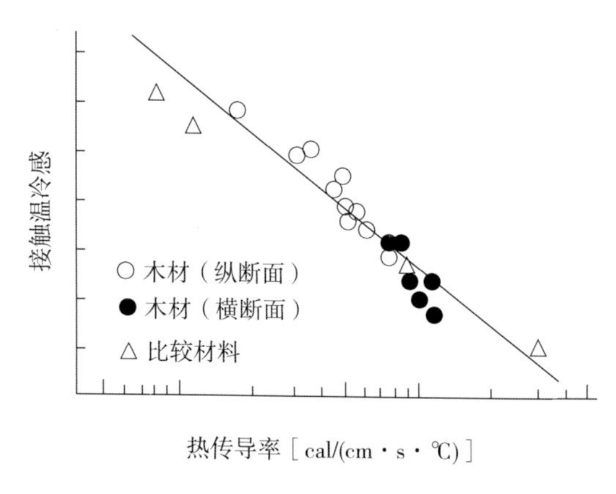

图5-2　木材热传导率与温冷感之间关系

5.2 信息熵

熵，其物理意义是热力学体系分子状态的混乱程度。Shannon[27]借用热力学中的热熵提出了信息熵（information entropy）的概念，以此来描述信源的不确定度。如果信息是事物现象及其属性标识的集合，则可以将信息熵理解成某种特定信息的出现概率。一般，信息熵是信息论中用于度量信息量的一个概念。一个系统越是有序，信息熵就越低；反之，一个系统越是混乱，信息熵就越高。所以，信息熵也可以说是系统有序化程度的一个度量。

这里，如果把木材花纹看作一个由若干个单元花纹构成的系统，则可以用信息熵表征木材花纹的有序化程度。基于此，我们可以定性地判断：木材花纹图案越混乱无序，则其信息熵就越高。反之亦然。

如果定量木材花纹的有序化程度，可以用计算公式（5-1）计算木材花纹系统的信息熵$H(x)$。

$$H(x) = E[I(x_i)] = E\{\log[2,1/P(x_i)]\} = -\sum P(x_i)\log[2,P(x_i)]\ (i=1,2,..n) \tag{5-1}$$

其中，x表示单元花纹随机变量，与之相对应的是所有可能出现的花纹集合。$P(x)$表示单元花纹出现的概率函数。单元花纹变量的不确定性越大，熵就越大。

这里，如果确定了单元花纹随机变量x，以及单元花纹出现的概率函数$P(x)$，基于式（5-1）计算出木材花纹系统的信息熵$H(x)$，用此来定量地比较不同木材花纹的有序程度。

5.3 分形几何

如上述，木材花纹的自然属性决定了分形几何是取代欧几何，用来描述木材花纹形态的最有力的武器之一。自20世纪末，国内外开始运用分形几何对木材宏观构造或木材纹理进行定量化分析。Sarker等[28]通过分形盒维计算与图像处理相结合的方法，表明分形维数能够体现木材纹理的粗糙度和复杂度信息。于海鹏等[29]应用灰度共生矩阵、行程长度统计等方法，归纳出木材纹理的强弱、纹理的周期、纹理的粗细均匀以及纹理图面的明暗4个因子描述木材纹理的特征，并提出了纹理综合评价值的计算方法。已有的研究表明，将分形理论和分形方法引入到木材纹理分析的研究中，不但能解决传统基于欧式几何学或数学算法的不足，还可解决木材纹理的复杂性、随机性等难于精细描述的技术问题。

同期，木材纹理定量化分析，也促进了除纹理以外的其他木材宏观构造特征的定量研究。Nakamura等[30]利用多分辨率对比分析和分形图像分析两种方法，表征了在较小区域照明下木材光泽度呈现的独特性，如图5-3所示。王志勇等[31]把分形技术运用到纹理彩色的分割中，结果表明分形技术可以有效描述彩色纹理特征。Liu等[32]通过三棱镜表面积法对木材表面肌理和颜色变化进行分形评价，研究表明，分形维数可以定量地评价木材表面肌理和颜色的变化。任何表面特征的变化都是由木材肌理变化引起的，且符合不同的分形维数。这对木材颜色配比和使表面纹理更接近自然纹理的设计工程给予了极大的支撑。

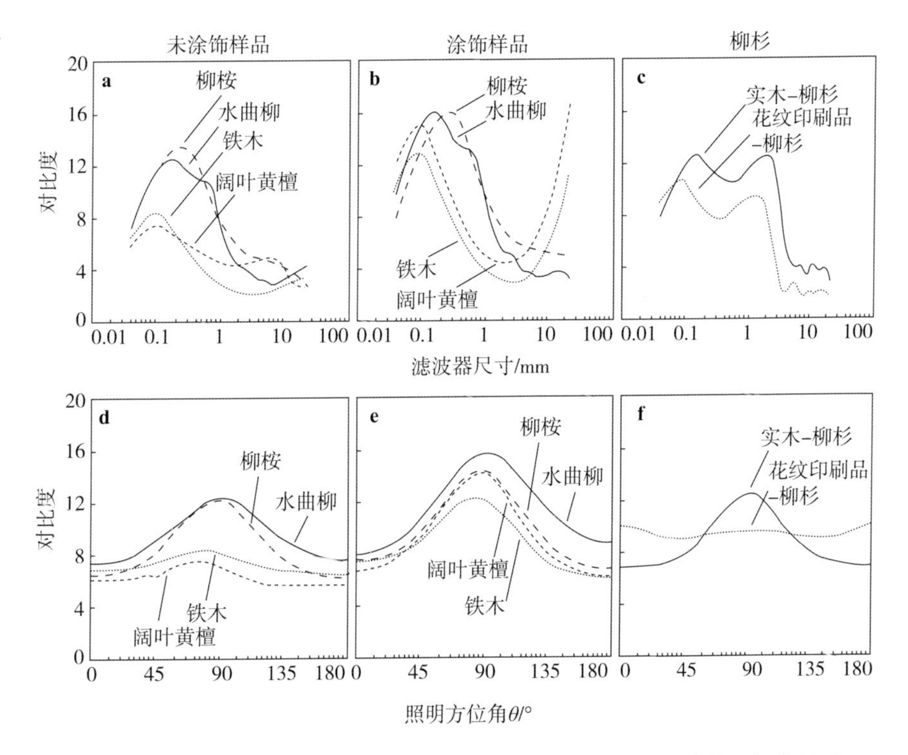

图5-3 不同树种花纹图像中滤波器尺寸、照明方位角和对比度值之间的关系

张蕾等[33]将木材宏观构造的定量化转移到家具装饰用材应用领域。研究表明，珍贵木材表面纹理特征的分形维数值域显示，其比普通阔叶树材具有更丰富的图案纹理立体感和秩序度。红木的分形维数一般大于普通树种木材，如图5-4所示，表明其纹理的立体感更加饱满突出，具有更好的装饰效果。以上表明，对于木材纹理的定量研究工作已较深入，但对于结合木材纹理，对于木材花纹中其他特征因素的颜色、色泽、肌理等方面的定量研究尚须加强。

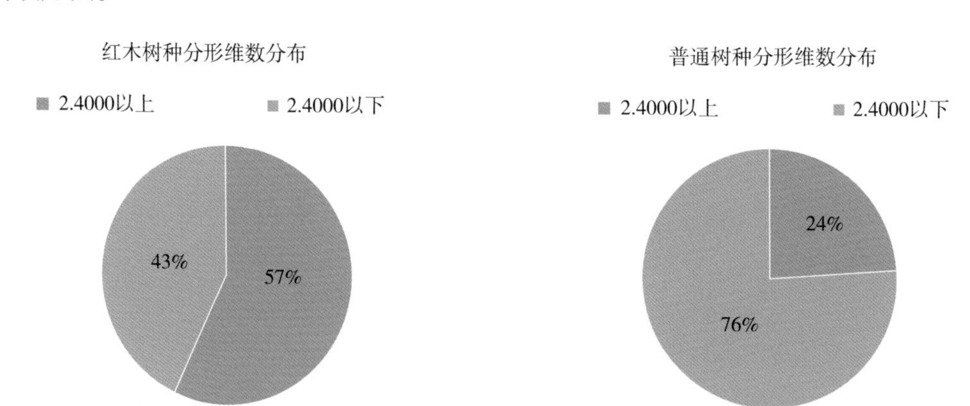

图5-4　红木和普通树种木材纹理的分形维数分布对比

表5-1　普通树种的整体分形维数和6个局部分形维数平均值及其标准差

普通树种	整体分形维数	6个局部分形维数平均值	6个局部分形维数标准差	普通树种	整体分形维数	6个局部分形维数平均值	6个局部分形维数标准差
白枫木	2.4270	2.1884	0.1089	花旗松	2.4033	2.3937	0.0430
白桦	2.1808	2.1656	0.0130	黄松	2.2046	2.2063	0.0041
栓木	2.2168	2.1870	0.1483	栗木	2.3451	2.3270	0.1371
白橡木	2.2078	2.1933	0.1029	楠木	2.3080	2.2992	0.1212
柏木	2.4512	2.3695	0.0922	山毛榉	2.2288	2.1839	0.0597
椴木	2.3244	2.2857	0.0690	杉木	2.4471	2.4292	0.0938
鹅掌楸	2.1445	2.1412	0.0914	水曲柳	2.2787	2.2674	0.0635
黑胡桃	2.3450	2.2776	0.1266	杨木	2.3113	2.2916	0.0331
红胡桃	2.4187	2.3509	0.1269	樱桃木	2.4404	2.4472	0.0331
红榉木	2.2629	2.2789	0.1026	柚木	2.2540	2.2057	0.1411
红檀	2.2623	2.2167	0.0980	柞木	2.4203	2.3970	0.0575
红橡木	2.3888	2.3462	0.1432	樟木	2.2772	2.2642	0.0848
榆木	0.2312	2.2310	0.1265				

表5-2 红木树种的整体分形维数和6个局部分形维数平均值及其标准差

红木树种	整体分形维数	6个局部分形维数平均值	6个局部分形维数标准差	红木树种	整体分形维数	6个局部分形维数平均值	6个局部分形维数标准差
黑酸枝木	2.1203	2.0525	0.2035	条纹乌木	2.1147	2.0483	0.1065
红酸枝木	2.4962	2.3796	0.1006	香枝木	2.4854	2.3529	0.1064
花梨木	2.5690	2.5473	0.0683	紫檀木	2.3628	2.3353	0.1144
鸡翅木	2.4914	2.3390	0.0300				

5.4 眼动跟踪

人眼是如何观察、感知木材花纹的具体信息及其背后的机制尚不明确。近年来，伴随眼动跟踪技术（eye tracking）日趋成熟，眼动数据可视化在基础理论、方法和应用研究等方面的快速发展[34]，基于此技术的木材花纹视觉生理、心理特性研究取得了突破性的进展。

研究中利用高频采样的红外摄像装置实时拍摄人们观察木材花纹时眼球图像，并进一步通过图像获取眼动数据，包括获取人们观察木材花纹的注视轨迹图（gaze plot）、热点图（hot spot）、兴趣区的首次注视时间（time to first fixation）、首个注视时长（first fixation duration）、总注视时间（total fixation duration）、注视次数（fixation count）、访问次数（visit count）等。以上这些眼动数据可以反映出视觉信息的选择模式，对于认知加工的心理机制具有重要意义。目前的研究工作向人们展现了多数人是如何观察花纹、感知花纹的信息，帮助人们更进一步了解到木材花纹的视觉生理、心理特性。

国内学者贾天宇等[35]运用眼动跟踪试验方法研究红木标本的颜色物理量参数与人视觉感受的关系，在热点图中可以发现不同颜色木材人们注视的时间不同，其中明度差异是重要影响因素。李静[36]联合视线追踪技术与主观评价法，探究了现代木构建筑表皮木材覆盖率的合理取值区间，发现木材覆盖率在55%～70%时，确保实现节材的同时又能达到较高的受众接受度，提高城市空间的宜居性。

日本学者加藤茉里子和仲村匡司[37]利用眼动追踪技术，在槭木琴背花纹（fiddleback figure）的反射特性与视觉吸引力关系的研究上做出了开创性的工作。研究中首次阐明了人眼在观察木材花纹中光泽变化时的视觉生理特性。正如书中第3章所述，琴背花纹中的波状纹理是一种干涉图案。当光线或是观察者位置变化时，花纹会给人“光泽的移动”的错觉。通过让人观察不同角度入射光下小提琴背板花纹的光泽运动的视频，记录观者的眼动数据，研究定量、客观地记录了人对琴背花纹这种复杂的光反射特性的视觉感知。研究获取到了观看者视线留在花纹上的精确位置和时长，发现注视点的分布是变化的，并且观察者眼睛的运动遵循光泽的运动，如图5-5所示。

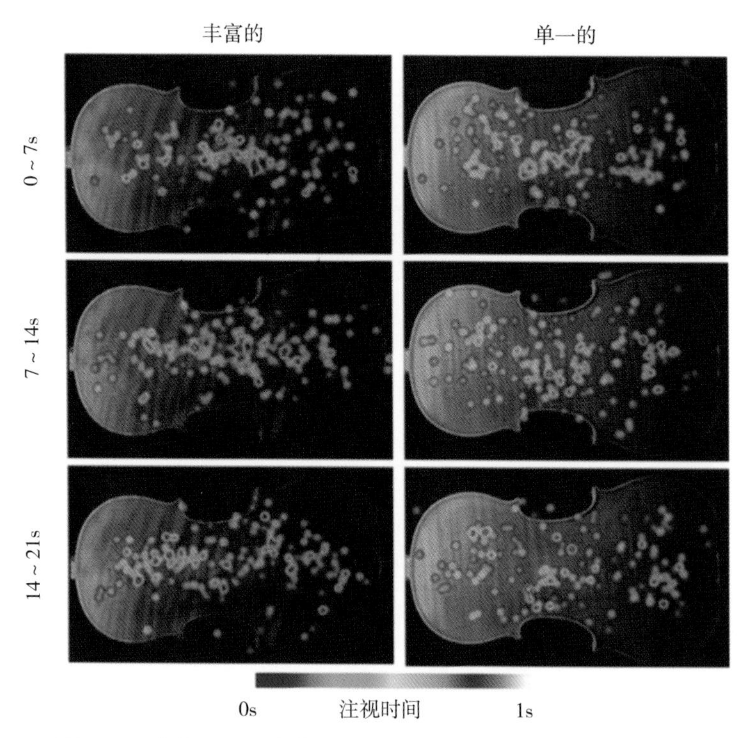

图5-5 “丰富”的琴背花纹和“均一”的琴背花纹注视点分布

从以上研究可以看出，高精度、高频率、对用户无干扰的采样技术是眼动跟踪的优势。这也帮助研究者们更好的揭示木材花纹的构成因子与视觉生理、心理特性的关系。在此，对木材花纹的构成、成因理解的则显得十分重要，这将帮助研究者有目标的控制木材花纹物理量效度，更深层地解析木花纹对人体的心理、生理影响的作用机理。

参考文献

[1] Braun A. Über den schiefen Verlauf der Holzfasern und die dadurch bedingte Drehung der Bäume[M]. Berlin: Königlich Preussische Akad Wiss, 1854: 432-484.

[2] Champion H G. Contributions towards a knowledge of twisted fiber in trees[J]. Indian Forestry Records, 1925, 11(II): 11-80.

[3] Herrick E H. Further note on twisted trees[J]. Science, 1932, 76(1975): 406-407.

[4] Burger H. Der Drehwuchs bei Birn-und Apfelbäumen[J]. Schweiz Z Forstwes, 1946, 97:119-125.

[5] Kano T, Nakagawa S, Saito H, Oda S. On the quality of larch timber (*Larix leptolepis* Gordon). Report 1 [J]. Bull Govt For Exp Stn Tokyo, 1964, 162: 1-44.

[6] Mikami S, Nagasaka K. Selection for minimising spiral grain in *Larix leptolepis* Gord [J]. Bull Govt For Expt Stn Meguro, 1975, 276: 1-22.

[7] Kostov P, Todorov S. Wood defects in oak logs[J]. Gorsko Stoparstvo, 1977, 33(a): 35-40.

[8] Beals H O, Davis T C. Figure in wood: an illustrated review[M]. Auburn: Agricultural Experiment Station, 1977.

[9] Bootle K R. Wood in Australia: Types, properties and uses[M]. Sydney: McGraw-Hill, 1983.

[10] Harris J M. Spriral grain and wave phenomena in wood formation[M]. Berlin: Springer-Verlag, 1989.

[11] 島地謙, 須藤彰司, 原田浩. 木材の組織[M]. 東京: 森北出版株式会社, 1976.

[12] 申宗圻. 木材学[M]. 北京: 中国林业出版社, 1983.

[13] 成俊卿. 木材学[M]. 北京: 中国林业出版社, 1985.

[14] 刘一星, 赵广杰. 木材学[M]. 北京: 中国林业出版社, 2004.

[15] 最新木材工業事典出版委員会編. 最新木材工業事典[M]. 東京: 日本木材加工技術協会, 1999.

[16] ニック·ギブス. 木材活用ハンドブック[M]. 乙須敏紀訳. 东京: 産調出版. 2005.

[17] 山田正. 木質環境の科学[M]. 大津: 海青社, 1987.

[18] 赵广杰. 日本林产学界的木质环境科学研究[J]. 世界林业研究. 1992(4): 53-58.

[19] 于海鹏, 刘一星, 刘镇波. 应用心理生理学方法研究木质环境对人体的影响[J]. 东北林业大学学报. 2003(6): 70-72.

[20] 武者利光. ゆらぎの発想[M]. 東京: NHK出版, 1994.

[21] 増田稔. 木材のイメージに与える色彩および光沢の影響[J]. 材料, 1985, 34(383): 972-978.

[22] 苗艳凤. 木材山峰状纹理的视觉特性研究[D]. 南京: 南京林业大学, 2013.

[23] 原田康裕, 中戸莞二, 佐道健. 木材表面の熱特性と接触温冷感[J]. 木材学会誌, 1983, 29(3): 205-212.

[24] 佐道健, 竹内正宏, 中戸莞二. 木材表面あらさの官能評価と物理的評価の関係[R]. 京都大学農学部演習林報告. 1977, 49: 138-144.

[25] 于海鹏, 刘一星, 肖向红, 等. 基于心率变异指标研究木材良好接触感的生理机制[J]. 东北林业大学学报, 2005, 33(1): 29-31.

[26] Ikei H, Song C, Miyazaki Y. Physiological effects of touching the wood of hinoki cypress (*Chamaecyparis obtusa*) with the soles of the feet[J]. International journal of environmental research and public health, 2018, 15(10): 21-35.

[27] Shannon C E. A mathematical theory of communication[J]. Bell System Technical Journal, 1948, 27(3): 379-423.

[28] Sarkar N, Chaudhuri B B. An efficient differential box-counting approach to compute fractal dimension of image[J]. IEEE Trans.syst.man Cybern. 1994, 24(1): 115-120.

[29] 于海鹏, 刘一星, 刘镇波. 木材纹理的定量化算法探究[J]. 森林与环境学报. 2005, 25(2): 157-162.

[30] Nakamura M, Matsuo M, Nakano T. Determination of the change in appearance of lumber surfaces illuminated from various directions[J]. HOLZFORSCHUNG, 2010, 64: 251-257.

[31] 王志勇, 邓达. 分形技术在彩色纹理分割中的应用[J]. 华南理工大学学报(自然科学版). 1998(10): 64-70.

[32] Liu J, Furuno T. The fractal estimation of wood color variation by the triangular prism surface area method.[J]. Wood Science & Technology. 2002, 36(5): 385-397.

[33] 张蕾, 张求慧. 家具用木材纹理的分形表征[J]. 家具. 2015(2): 22-25.

[34] 程时伟, 孙凌云. 眼动数据可视化综述[J]. 计算机辅助设计与图形学学报, 2014, 26(5):698-707.

[35] 贾天宇, 牛晓霆. 22种红木木材的色彩与视觉特性评价[J]. 西北林学院学报. 2017(6): 250-258.

[36] 李静. 现代木构建筑外表皮木材覆盖率的主观评价研究[D]. 哈尔滨: 哈尔滨工业大学, 2017.

[37] 加藤茉里子, 仲村匡司. ヴァイオリン杢の光反射特性と誘目性の関係[J]. 木材学会誌. 2016, 62(6): 284-292.

木材花纹索引

一、木材组织类花纹

二、非木材组织类花纹

三、木材花纹鉴赏

后 记

《木材花纹图鉴》问世了。倘若说它是一本跨世纪的书籍，丝毫未感夸张。

20世纪80年代，在日本京都，有幸与岛地谦等著的《木材の組織》邂逅，目睹到令人眼花缭乱的木材花纹时，一见钟情，萌生了此书之念头。

屈指30余年消逝了。其间，断续收集、离散的木材花纹资料堆叠在案头上、散卧在书柜里，在漫长的沉睡中迎来了21世纪。

忽一日，业界一位高人问道："先生，降香黄檀之鬼脸花纹如何之形成？"陡然间，将我唤醒。为精准地应答，我小心翼翼、轻轻地抖落资料纸面的浮尘，仔仔细细地去寻觅隐藏木材花纹与文字解释中的精髓。在久而久之凝视资料途程中，忽感眼球干涩、焦点模糊，视线散乱……。噢，吾已老矣！

此刻，在我的脑隅处，突然涌现出小学《语文》课本里"寒号鸟"的故事。噢！趁严冬未临，须赶快垒巢。于是乎，我匆忙地按下了《木材花纹图鉴》编著的启动键。

有道："病树前头万木春"。在此书编著过程中最煎熬的时段，恰逢浙江理工大学讲师李超博士的加盟使我终于摆脱了困境，似乎眺望到"万木春"之美好远景。在她独具创造性的努力工作下，《木材花纹图鉴》增添了"木材花纹形成""木材花纹表征"两章独具特色、分量厚重的主干内容。因此，使《木材花纹图鉴》骨架结构更合理、内容更趋丰满、敦实。

平素，有人用"众人拾柴火焰高"寓意其团队协同作用之效应。本书中后期，北京林业大学副教授林剑博士，广西大学教授符韵林博士先后加入了编著团队，真可谓如虎添翼。两位达人在木材的学名对座、纹脉释义、文字镶嵌等方面做出了十分卓越的学术贡献。在本书编辑过程中，陈惠编辑字字推敲、严谨细致的业务素质及一丝不苟的工作态度，留下了深刻的记忆。

尚有，在本书关键节点，浙江裕华木业金月华董事长一如既往、鼎力相助，可谓雪中送炭。

其实，从《木材花纹图鉴》播种至收获，在其耕耘之土壤中渗透着诸位的滴滴汗水，也铭刻着幕幕感人肺腑的瞬间或片断。

恐忘却了，将存储大脑海马结构中美好的记忆记载于此，以为后记。

2021年初夏于北京